公民水知识存量-增量动态测度研究

田　康　著

U0340584

吉林大学出版社

长　春

图书在版编目（CIP）数据

公民水知识存量-增量动态测度研究／田康著.
长春：吉林大学出版社，2024. 8. -- ISBN 978-7-5768-
3507-6

Ⅰ. P33

中国国家版本馆 CIP 数据核字第 2024UR3035 号

书　　名　公民水知识存量-增量动态测度研究
　　　　　GONGMIN SHUI ZHISHI CUNLIANG-ZENGLIANG DONGTAI CEDU YANJIU

作　　者　田康
策划编辑　杨占星
责任编辑　陈曦
责任校对　王楷博
装帧设计　皓月
出版发行　吉林大学出版社
社　　址　长春市人民大街 4059 号
邮政编码　130021
发行电话　0431-89580036/58
网　　址　http：//www. jlup. com. cn
电子邮箱　jldxcbs@ sina. com
印　　刷　廊坊市海涛印刷有限公司
开　　本　787mm×1092mm　1/16
印　　张　14. 25
字　　数　250 千字
版　　次　2024 年 8 月　第 1 版
印　　次　2024 年 8 月　第 1 次
书　　号　ISBN 978-7-5768-3507-6
定　　价　68. 00 元

前　言

　　日益突出的水问题已经成为制约经济社会高质量发展和满足人们美好生活需求的重要挑战之一。了解和理解水问题尤其是水知识，被认为是解决与水有关问题的核心要素和重要基础，是水活动开展、水环境保护和水素养养成的重要组成部分。因此，掌握必要的水知识对水资源可持续利用、公民水素养提升至关重要。本研究聚焦于公民水知识存量及增量动态测度，提出了公民水知识存量测度指标，了解和把握公民水知识认知程度及增长规律，可为相关部门评价水知识普及与宣传工作成效、制定更加针对性的普及与宣传重点和策略提供一定理论依据和决策参考。

　　本研究通过回顾知识测度方法论、知识基础理论、知识增长理论等基础理论以及对水知识存量影响因素及相关测度文献梳理，提出了新的科学测度方法，构建了客观性较强的测度模型，真实有效地完成对水知识存量及其动态增量的测度，为知识测度领域提供了新的思路和方法借鉴，拓展了知识测度领域的方法体系。主要研究内容及结论如下。

　　（1）在借鉴扎根理论与事件系统理论的基础上，提出了扎根-系统分析方法，并展开了水知识存量测度指标的探索性研究。基于知识基础理论，以收集的公开信息以及半结构化访谈等研究资料为基础，采用扎根-系统理论的方法，归纳出水资源与环境知识、水安全与管理知识、节水知识和水基础知识等 4 个二级指标，水资源分布与特点相关知识等 10 个三级指标，了解地球上水的分布状况等 43 个基础测度指标。通过反向追溯访谈资料构建关键范畴链，并分析其影响路径和程度，以此构建了公民水知识存量测度指标表征模型。

另外，对水知识存量指标体系形成逻辑进行了分析，为后续的水知识存量测度指标评估奠定了理论基础。

（2）本研究采用了多级项目反应理论对水知识存量基础测度指标进行筛选和评估，优选出一套测量水知识存量的基础测度指标体系，便于准确测度不同水知识水平的受调查者。基于获取的调研数据，采用边际最大似然估计对 43 个指标的项目参数进行估计，结合模型-数据拟合指标特征函数的结果来消除不合理指标。根据指标信息函数以及测试信息函数的反馈结果，验证了受测指标与受调查者水知识存量水平特征之间的关系。根据指标的区分度以及特征曲线展示结果，删除了 3 个不适合作为水知识存量的基础测度指标；由指标信息函数与测量误差函数的结果可知，由剩余测度指标构成的量表具有普适性和可靠性。

（3）本研究提出了基于模糊识别-贝叶斯网络的测度方法，以水知识存量测度基础指标体系为基础，科学测度公民的水知识存量。模糊识别-贝叶斯网络是将模糊集理论与贝叶斯网络模型融合后提出的一种新知识测度方法，可将所有统一量纲后的数据代入已完成有效性测试的测度模型，对测试样本集进行概率推理，计算出公民水知识存量概率值，并转化为百分制的测度值。由结果可知，有 60.38% 的受访者具备"了解"以上水平的水知识，能够熟练掌握和识别大多数的水知识要点，达到中等以上水平。测度值小于 60 且大于 46.48 的样本为 164，其对应的受访者的水知识存量水平为"不太清楚"，对水知识存量测度指标的相关知识点认识程度较弱。测度值小于 46.48 的样本量为 23，表明这些受调查者基本没有掌握水知识点，对大多数的知识点根本不了解或者未曾接触过，导致整体的水知识存量水平较低。从测度结果来看，符合公民水知识水平的实际，也证实了测度方法的可行性。

（4）借助知识吸收能力以及知识增长理论，对原始水知识存量基础测度指标进行更新和优化，以实现水知识增量的测度。相对于第4章中的基础测度指标，随时间变化共修正了7个指标，添加了16个指标，删除了3个指标，得到54个水知识增量基础测度指标；然后基于信息贡献率的测度指标优化模型的筛选，保留了"饮用水水源地的地理位置及供水区域"等42个基础测度指标，剔除了"水表的功能和读取数据"等9个基础测度指标，为实现科学的水知识增量测度提供了重要的理论支撑。基于属性概率集值的动态粗糙集水知识增量算法构建了水知识增量动态测度模型，以2019年和2021年两个时间点的测度数据，对公民的水知识增量进行动态测度，结果显示，在决策属性等价类属性值为3（一般）、4（基本具备水知识）和5（具备水知识）对应的基数均增加，属性值对应为1（不具备水知识）和2（基本不具备水知识）的基数明显减少，表明公民的水知识在相应的条件属性上出现了动态变化，且具备一般以上水知识水平的决策属性明显增加，实现了公民水知识增量的动态测度，也验证了方法的可行性。

田　康

2024年3月

目　　录

1 绪 论

1.1 研究背景及问题的提出

1.1.1 现实背景

1.1.1.1 日益突出的水问题成为经济社会高质量发展的重要挑战

"'水是生命',是人类生存、生态系统和农业体系的根基;'水是可持续发展',安全的饮水和适足的卫生服务是确保城市运转的核心"。但目前全球所面临的水问题是"约22亿人长期无法获得安全的饮用水,占到人口总数的三分之一;全球近42亿人没有安全的卫生设施,占到人口总数的一半以上;另有20亿人没有可供独立使用的体面厕所"[1]。即使全球经济与社会正在不断发展,高水平的技术创新和成果不断涌现,但仍然无法解决数十亿人的用水问题。再加上全球人口的增长导致对水资源的需求量激增、水资源的管理不善、水资源区域分配不均匀等等都导致了世界上很多地区的水资源问题。在2021年3月8日的联合国大会上,常务副秘书长阿米娜·默罕默德在发言中表示:气候变化、生物多样性丧生和污染所共同引发的"地球危机"正在进一步加剧水资源的短缺,"到2040年,全球25%的18岁以下人口——总数超过6亿——将生活在水资源极其匮乏的地区"[2]。

在中国,水问题依然是当前经济发展面临的重大挑战,中国水资源时空分布不均匀,水土资源不匹配,人均水资源占有量少,仅为世界平均的1/4。中国经济问题专家巴瑞·诺顿(Barry Naughton)[3]曾说过,"中国发展过程中所面临的最大挑战……在于某些人口稠密地区面临的水资源紧张和土地供应压力变得日益严峻。"作为世界上第五大淡水国,我国拥有充足的水资源,但是按人均标准,2010年至2019年人均年水资源量仅为 2 000 m³ 左右,是世界水资源短缺的国家之一。水利部每年公布的《中国水资源公报》显示生活用水总量不断增加,在总用水量中的比例逐年提升,而且农田灌溉水的有效利用系数也不高(见表1-1)。联合国《2018年世界水资源开发报告》指出,由于人口增长、经济发展和消费方式转变等因素,全球对水资源的需求正在以每年1%的速度增长，在未来 20 年还将大幅加快，而且未来工业和生活用水量将远大于农业需水量[4]，这使得水资源紧缺问题愈加严重。日益突出的水资源问题、水需求增加等必然会引起水资源的进一步短缺与过度开发，制约了社会发展方式、发展规模，不利于水资源的可持续利用，也无法支撑经济社会发展。面对社会主义新时代发展格局，如何正确看待与认识水问题以促进水资源可持续利用，进而保障经济社会可持续发展；如何将公民与水资源可持续利用联系起来，重塑人水关系以实现人水和谐，这些都是今后水资源管理研究与工作的重要课题。

表 1-1　2011－2020 年水资源量及用水状况

年份	用水总量 /亿 m³	生活用水总量 /亿 m³	占比（生活用水 占用水总量的比例）	农田灌溉水有效 利用系数
2020	5 812.9	863.1	14.85%	0.565
2019	6 021.2	871.7	14.48%	0.559
2018	6 015.5	859.9	14.29%	0.554
2017	6 043.4	838.1	13.87%	0.548
2016	6 040.2	821.6	13.60%	0.542
2015	6 103.2	793.5	13.00%	0.536
2014	6 095	767.97	12.60%	0.530
2013	6 183.4	748.19	12.10%	0.523
2012	6 131.2	741.87	12.10%	0.516
2011	6 107.2	789.9	12.93%	0.510

数据来源：2011－2020 年《中国水资源公报》。

1.1.1.2　对水问题认知不足是水资源可持续利用的重要瓶颈

事实证明，生活在水资源丰富区域的大多数公民并未认识到水短缺的现状，水资源浪费、水资源污染等水问题在社会经济发展过程中层出不穷，而在一些缺水地区，由水资源短缺引起的冲突不断出现。我国的水问题不仅包括水量问题，同时还包括水质问题。在一些对水质认知薄弱的地区引起的水资源问题较缺水更为严重。2010 年，中国环境保护部发布的环境监测数据显示，在全国只有不超过一半的水可以经过处理达到安全饮用的级别，并且四分之一的地表水已被污染到甚至不适于工业使用的程度。2016 年水利部公布的数据显示，有 11% 的水库水源地水质不达标，约 70% 的湖泊水源地水质不达标，约 60% 的地下水水源地水质不达标。近年来，我国加大了在水质治理方面的整治力度，生态环境部发布的《2019 年中国生态环境状况公报》中显示，全国地表水监测的 1 931 个水质断面（点位）中，Ⅰ～Ⅲ类水质断面（点位）占 74.9%①，但Ⅴ类和劣Ⅴ类占比之和仍达到 7.6%[5]。水质问题导致了严重的环境健康危机，但由于对水质问题的认知不足，并未引起公民对水质问题的重视，因此，因错误饮用受污染的地下水而导致的水危害事件层出不穷，在一些地区特有疾病的高发病率也与有机水污染相关，这些都是水资源可持续利用的重要瓶颈。

在农村地区，只有不超过一半的人口可以接触到净水，而在城市地区，居民的生活废水和工业废水大部分未经处理就被直接排出，污染了地表水和地下水[6]。从水利部 2011—2020 年的《水资源公报》中获取的全国废水污水年排放量数据显示，尽管从 2010 年开始，废水污水排放量呈现出一种下降趋势，但是实际数据仍然是居高不下，超过了 750 亿 t（如图 1-1 所示）。随着生活用水量的比例不断增加，生活污水将会成为主要的废水污水排放来源，大多数居民对于生活污水的排放认识比较片面，这导致很多生活污水均是未经过处理直接排放到环境中的，对水环境产生巨大的影响。另外，由于全国经济发展不均衡，东部和西部、城市和农村在水污染治理领域的水平差异较大。在经济发展相对落后的一些地区，存在环境保护让位于经济发展的守旧意识，对水污染治理的认识停留于较低水平，影响先进技术的应用[7]。归根结底，大多数公民对水知识的认识仍存在不足，无法引起他们对水资源问题的重视，无法控制个人用水量以及养成节约用水的习惯，这是水资源可持续利用的另一重要瓶颈。

---

①　依据《地表水环境质量标准》（GB 3838—2002）表 1 中除水温、总氮、粪大肠菌群外的 21 项指标标准限值，分别评价各项指标水质类别，按照单因子方法取水质类别最高者作为断面水质类别。Ⅰ、Ⅱ类水质可用于饮用水源一级保护区、珍稀水生生物栖息地、鱼虾类产卵场、仔稚幼鱼的索饵场等；Ⅲ类水质可用于饮用水源二级保护区、鱼虾类越冬场、洄游通道、水产养殖区、游泳区；Ⅳ类水质可用于一般工业用水和人体非直接接触的娱乐用水；Ⅴ类水质可用于农业用水及一般景观用水；劣Ⅴ类水质除调节局部气候外，几乎无使用功能。

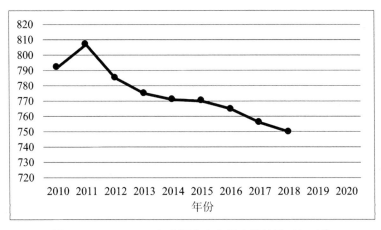

图 1-1　2011—2020 年全国总废水污水排放量（亿 t）①

1.1.1.3　克服水知识缺乏的局面成为提升公民水素养的重要途径

随着全球气候的急剧变化，加之水问题的日益凸显，水安全事件有可能会随着环境承载力的减弱而更频繁地发生，这不仅仅需要强化监测预报预警，科学调度水工程，有效防范应对，还需要公民了解所在区域有可能出现的水安全事件，根据掌握的水知识及时采取科学合理的应对办法。传统的治水思路已经不能行之有效地解决水问题以及适应经济社会发展的需求，这需要我们强化对水问题的认识，正确处理人水关系以及水与社会、生产、生态之间的关系，提高合理开发利用与节约保护水资源的思想认识，进而提升自身的水素养水平，实现真正意义上的缓解或解决新老水问题。

公民水素养的形成是先从个人对水知识的掌握开始的，可将水知识内化为自身的水态度来指导自身的行动，培养形成正确的水行为。水知识的掌握是提升公民水素养水平的基础，对公民进行基本的知识普及和宣传是必不可少的，掌握基本的知识与技能是解决正在面临的一系列水问题的根本保证。中国省会城市公民水素养评价报告中展示了一些关于水知识的评价结果，如水知识的水平在不同年龄段存在较为明显的差异，18～45 岁年龄段的人群较高，年轻的公民水知识掌握程度要高于年龄大的公民。部分北方城市的公民水素养水平整体偏低，由于大型输水工程的供水措施保证了生活用水，公民并不了解水资源严重短缺的现实，再加之对生活用水定额的认知程度较低，导致生活用水量偏

---

① 水利部 2019 和 2020 年的《水资源公报》缺失了全国废水污水排放量。

高。水素养教育的首要任务就是让公民充分掌握人与水生态协调发展中的必要知识以及培养人类对于赖以生存的水环境的责任感。

1.1.2 理论背景

水资源的可持续发展促使水资源管理模式的不断转变[8]。传统的管理方法侧重于供水管理。然而，传统管理方式在气候变化背景下其可持续性受到限制，尤其在水供应和水质方面产生的影响对全球水资源造成重要威胁[9]。随着全球人口的快速增长和城市化进程的推进，诸多因素均是对传统管理方式的重要挑战。在水资源管理方式逐渐由供水管理向需水管理转变的背景下，水的可持续性不仅仅需要保证供水，同时需要优化水的需求，包括污水处理、中水回用等水处理技术，基础设施的投入使用，知识普及，政策引导，等等。公民是最直接参与水管理的主体，是新管理模式中的技术投入、基础设施使用和政策实施的践行者，很多研究事实也证明了水资源管理模式转变的关键因素是公民。因此，本研究以公民作为研究对象，符合水资源管理中知识普及的研究主体需求。

水是人类生存和发展的基础资源，是维持人们正常生活和生产必不可少的重要物质资源，其既能够促进社会发展，也可以限制社会发展，既可以让人们生活美满，也可以让人遭受痛苦，既能够产生合作，也能够导致冲突。当下水问题所带来的社会影响日益严重，逐渐引起了人们的重视。对水问题的了解和理解被认为是解决与水有关的问题的核心要素。水知识是与水相关活动[10]、环境保护[11]和环境素养相关理论等的重要组成部分[12-13]，更多的知识可以为创新和解决实际问题做出贡献[14]。将这些水知识与将水知识应用于行为决策的能力结合在一起，对可持续的水资源管理具有重要的影响，因此，掌握有关水的个人知识至关重要。联合国教科文组织一直致力于通过多种途径构建源于生存实践而发展起来的对水的使用与保护的习俗、制度和规范等基础知识，协助各国以可持续的方式管理水资源。国际水文计划、联合国世界水资源发展报告、联合国水资源教育机构等[15]，主要目的在于提高全球范围内对水资源的认知程度。公民具有更全面更科学的水知识体系，能够有效地降低因人类不合理开发利用水资源而造成的水体破坏，也能够培养自身的节水意识，促进节水行为的实施，同时，在面对水危险时能够快速反应并合理应对。

1.1.3 问题的提出

当前，随着人口的增长，工业化、城市化推进以及城市居民活动对水资源影响程度的逐渐深化，水资源短缺、水污染以及洪涝灾害等水问题已经成为制约经济社会高质量发展和满足人们美好生活需求的重要挑战之一。十八大以来，党和国家十分重视治水工作，特别是习近平总书记关于治水、水生态保护等方面的系列重要论述。2020年，全国水利工作会议上进一步强调水利改革发展总基调贯穿了调整人的行为、纠正人的错误行为这一主线。而在改变人们的行为和纠正人的错误行为过程中，公民通过学习掌握科学的水知识并基于科学水知识认识到自身的错误水行为并予以改变和纠正，是符合人们行为内在逻辑发展的必然选择，也是落实新时期治水思路的工作着力点。因此，我们应该把公民水知识学习、强化与提升作为改变人们的行为和纠正人们错误行为的重要抓手。

以目前的水知识应用现状来看，我国公民的水知识水平仍然不能发挥指导行为的重要作用。要想有效改善水知识缺乏的局面，就需要先了解公民水知识的真实水平及变化趋势，进而形成有针对性的普及公民水知识的主要途径。从测度公民水知识的测度方法角度，受测评条件以及测评方法主观性较强的限制，目前的测度方法均存在一定程度的不足，如水素养评价过程中的水知识水平调查，仅仅是用问卷结果的综合评价值来反映水知识水平，问卷结果会受受调查者心理因素、自我美化等主观因素的影响，导致测度结果无法真实反映受调查者的水知识水平。从挖掘水知识动态变化来验证知识普及工作成效的角度，目前鲜有研究围绕着水知识动态变化测度展开，仅对某一时间点的知识进行测度。想要了解公民水知识的动态变化，需要采用与之相匹配的测度方法，从公民的水知识存量以及在一定时间周期内的知识增量角度进行测度。明确公民的水知识的动态变化，可有效评价水知识普及的工作成效，为宣传途径和宣传策略的调整提供理论依据。

尽管水知识对于解决水问题具有十分重要的作用，但从目前与水知识相关的国内外研究来看，大多聚焦于采用调查的方式对水相关的知识进行评估，如对缺水状况的调查、水相关的术语及定义、雨水收集、污水处理等，有限的研究检验了相关因素是否会影响个体与水有关的知识，对于水知识存量及其测度指标、测度方法的研究鲜有涉及。本书的研究目标之一也是挖掘水知识存量测度指标以及其增量的决定性因素。目前的知识流动形式及知识普及在一定程度上能够起到增加公民水知识的效果，但在实际运用中没有针对性的宣传往往存在一定的局限性。本研究通过构建测度指标体系设计科学的测量模型，对目前我国公民的水知识存量进行测度，并基于探索性文献分析和验证性专家访谈方法，对公民水知识增长的测度指标进行深度挖掘与分析，以公民的水知识存量为基础指标构建公民水知识存量增长动态测度模型，对公民的水知识动态增量进行测度是本书的研究目标，以期研究结果能为制定有效的知识普及方式，及有针对性的宣传提供理论支撑。

1.2 研究目的及意义

1.2.1 研究目的

由于不同公民所具备的水知识有所差异，该如何判断公民现有的水知识存量？在现有水知识存量的基础上如何判断通过学习水利部门宣传及普及的水知识，在不同的教育方式促使下公民水知识的增长量，以评价相关工作的有效性？在特定时期内，如何对水知识存量增长进行动态测度？更重要的是选择什么样的测度方法能够使得测度结果更加准确？基于此，本研究提出了新的探索性研究方法构建了水知识存量测度指标体系，并使用心理学、数学领域的指标优化方法对水知识存量测度指标进行优化。以科学、合理、全面的测度指标，设计调查问卷获取调研数据，进而设计科学的测量模型，对目前我国公民的水知识存量进行测度。本研究的另一重要目的是在知识学习时间序列上对水知识增量的动态测度。基于探索性文献分析和验证性专家访谈方法，以水知识存量基础测度指标为基础，对公民水知识增量的测度指标进行深度挖掘与分析，构建公民水知识存量增长动态测度模型并进行实证分析，从而明确公民水知识存量的变化趋势。

1.2.2 研究意义

1.2.2.1 理论意义

本研究构建了公民水知识存量、水知识增量测度模型并验证了其有效性，补充和丰富了知识测度领域在水资源知识测度方面的空缺和知识量化测度方法。鉴于我国目前水资源问题以及水利改革发展新基调，2014 年 3 月，习近平总书记在中央财经领导小组第五次会议上提出了"节水优先、空间均衡、系统治理、两手发力"的治水思路。我们需要明晰目前对公民水知识普及现状以及对科学水知识的需求，便于正确理解治水思路前提下认识水知识对错误水行为纠正的重要性。当明确了公民的水知识存量现状后，才能进一步采取针对性的政策和措施来提升公民的水知识量，通过改变其行为来有效缓解当前的水问题。本研究主要展开了我国公民具备的水知识存量及其增量测度研究，同时通过实证分析验证方法的有效性以及公民的水知识水平变化，主要思路为在借鉴其他测度方法的基础上，提出了新的科学方法，主要包括指标探索方法、指标优化方法、知识测度方法，构建客观性较强的测度模型，真实有效地完成了水知识存量及其增量的测度，为水知识测度领域提供了新的思路和方法借鉴，拓展了知识测度领域的方法体系，同时也展示了公民水知识存量及其动态增量的真实水平。

1.2.2.2 实践意义

本研究提出的水知识存量及其动态测度方法，可科学客观地了解公民水知识存量以及动态增量，发现水知识的变化趋势，为水利部门在水知识普及的过程中制定相应的政策和措施提供依据。本研究在借鉴国内外相关知识存量、知识存量增长测度体系的基础上，以公民为研究对象，提炼出包括水资源与环境知识、水安全与管理知识、节水知识以及水基础知识等四个维度的水知识存量测评指标。在此基础上，又通过深入挖掘与探索，构建了水知识动态增量基础测度指标，为公民水知识存量及其动态增量的测度奠定理论基础。本研究也提出了基于水知识测度的测度方法，并展开相应的实证研究，真实地呈现出公民具备的水知识现状以及一定时间内的知识变化量，挖掘水知识随时间变化的趋势，具有较大的实践价值。

1.3 研究内容、方法与技术路线

1.3.1 研究内容

为探索科学合理的水知识存量及其动态测度方法，本研究在回顾知识基础理论、知识增长理论等基础理论以及水知识存量影响因素及相关测度文献梳理的基础上，首先采用扎根-系统分析的新质性研究方法对水知识存量测度指标进行探索性研究；其次，基于项目反应理论的心理学方法，提出了基于多分级项目反应理论水知识存量测度指标优化方法，对水知识存量测度指标进行优化，形成了科学合理的水知识存量测度指标体系；再次，基于模糊识别-贝叶斯网络的方法构建水知识存量测度模型，真实地反映出公民对水知识存量测度指标所涵盖知识点的认知；从次，通过探索性文献分析和验证性专家访谈方法，以得到的水知识存量基础测度指标为基础，探索公民水知识增量测度指标，并对形成的指标体系进行优化；最后，采用基于融入概率集值的粗糙集理论动态测度方法，完成公民水知识增量测度，以期发现在特定时间段内的水知识增量来有效把握公民水知识变化的基本趋势。

第 1 章为绪论。本章提出在水知识相关研究方面亟待解决的问题，对水知识存量及其动态测度研究的现实背景和理论背景进行阐述，明确了研究目的与研究意义，整理了本研究的主要研究内容和研究思路以及所采用的主要研究方法。

第 2 章为相关理论与文献综述。本部分首先对本研究中所涉及的相关基础概念进行了界定；其次对知识基础理论、吸收能力理论以及知识增长理论等相关的理论进行概述；最后着重对水知识评估及流动相关研究、知识存量及其测度指标、水知识增量及其测度指标及与它们相关的测度模型研究进行了文献回顾，分析当前研究的现状、关注要点及其不足之处，为本研究提供理论基础。

第 3 章为水知识存量测度指标的探索性研究。本部分研究在借鉴扎根理论和事件系统理论方法的基础上提出了扎根-系统分析的新方法，并运用该方法展开了水知识存量测度指标的探索性研究。一是对新质性研究方法扎根-系统分析的方法介绍。首先，从研究资料收集开始，经过资料的概念化和范畴化、主要范畴探索与表述，挖掘范畴之间的内在关联结构，并归纳总结出主范畴及其主要描述；其次，通过反向追溯访谈资料，挖掘不同形式的关键范畴链，并基于对范畴属性的测量结果，结合已构建范畴链中每一个主范畴对其他范畴的诱发频次，剖析主范畴与关键范畴以及关键范畴之间的影响关联与强度，从而揭示研究对象的内在作用机理。二是对水知识存量测度指标的探索。首先，收集包括公开资料、相关文献以及半结构化访谈等研究资料，利用提出的扎根-系统理论方法，层层提炼归纳出各级指标。同时，对各级指标之间的影响路径和程度进行深入分析，挖掘出关键指标的形成脉络，并对其形成逻辑进行分析。

第 4 章为基于项目反应理论的水知识存量测度指标优化。本部分研究主要通过多分级项目反应理论模型对水知识存量基础测度指标进行评估和筛选。一是对项目反应理论模型的扩展，介绍了基础理论模型和各分级项目反应模型，为本研究方法的提出奠定理论基础。二是提出了基于多分级项目反应理论的水知识存量测度指标优化方法。根据多分级项目反应理论的基本要求构建初始模型，并基于水知识存量测度指标体系获取的调研数据对模型进行项目参数估计；检查模型与数据的拟合程度，以此进一步消除不匹配项目，为水知识存量测度选择科学合理的水知识存量测度指标。三是水知识存量基础测度指标体系优化。以水知识存量指标基础测度指标构建测试量表并获取数据，采用边际最大似然估计对基础测度指标参数进行估计；通过模型-数据拟合指标特征函数的过程对每一个指标进行检测；基于指标信息函数以及测试信息函数的结果反馈，验证受测指标与受调查者水知识存量水平特征之间的关系。

第 5 章为基于模糊识别-贝叶斯网络模型的水知识存量测度研究。本部分研究主要提出了模糊-贝叶斯网络的方法，构建了测度模型对公民水知识存量进行测度。一是将模糊集理论与贝叶斯网络融合后提出了模糊-贝叶斯网络知识存量测度方法，首先设定测试者将要接受测试的特定情境智能空间以及测试者所要完成的单个或系列任务内容；其次通过各知识节点构建贝叶斯网络的拓扑结构，基于训练样本集使用模糊集赋予基础知识节点先验概率，利用贝叶斯网络对上级节点进行后验概率学习，得到拓扑结构所有节点概率参数，完成测度模型的构建。二是公民水知识存量测度。根据水知识存量测度指标体系构建贝叶斯网络拓扑结构，通过受调查者的模糊知识认知识别和专家学者的模糊知识重要性程度识别，计算得到模糊综合概率并将其作为贝叶斯网络模型的先验概率代入模型，进一步对各网络节点训练学习，获取各级测度指标的概率值，同时完成模型有效性测试。三是公民水知识存量测度的概率推理、排序及解释。将所有统一量纲后的数据代入已完成有效性测试的测度模型，对测试数据集进行概率推理，计算出的公民水知识存量概率值即能反映出其水知识存量水平。

第 6 章为基于动态知识增量算法的公民水知识增量测度研究。本部分研究参考知识增长规律等相关理论，以水知识存量基础测度指标为基础，对水知识增量进行测度，根据测度结果来有效把握公民水知识变化的基本趋势。一是水知识增量测度指标的选择与优化。主要以第 4 章构建的水知识存量测度指标体系为基础，梳理分析随时间推移有可能使公民水知识发生变化的知识点，总结出更加全面且符合当前现状的水知识存量基础测度指标；根据提出的基于信息贡献率的测度指标优化模型，对最新形成的知识增量测度指标体系进行指标优化。二是提出了基于概率集值的动态粗糙集知识增量测度模型。基于粗糙集理论，引入了水知识增量的准确度和覆盖率概念，并用融入概率集值的容差关系对条件属性和决策属性的等价类进行划分，以矩阵的形式计算和展示水知识生成规则的准确性和覆盖率，从而展示出水知识变化特点，实现水知识增量的动态测度。

第 7 章为研究结论、主要创新以及研究局限和展望。主要介绍了核心章节得到的主要研究结论，并对研究主要的创新点和局限性进行概述，提出基于本研究的未来展望。

1.3.2　研究方法

（1）扎根-系统分析方法。本书借鉴扎根理论与事件系统理论两种质性研究方法的研究思想和优势，提出一种新的质性研究框架——扎根-系统分析方法。该方法主要是通过对原始资料的收集与整理，使用 Nvivo 12 软件对资料进行编码，探索研究对象的关键基础测度指标，并基于访谈资料对形成的主要范畴进行探索和描述；构建关键范畴链，通过对关键范畴链中不同范畴的强度和空间属性进行量化分析，进一步探究各关键范畴对研究对象形成及演进的作用关系，刻画并形成研究对象的概念建构和理论框架。

（2）多分级项目反应理论。本方法是一种类似于李克特量表等处理有序响应数据的优势模型，其一般假设是支持更高响应类别的概率随潜在目标特征单调增加。多分级项目反应理论的优势是可以将逻辑分布（类似于正态分布）分割成与项目反应类别一样多的分段，每个类别一个段，在给定类别中估计下一级或上一级类别的响应概率，以便从本质上估计 k 个类别的 $k-1$ 个响应函数。使用第一步的响应函数和下一个最高类别的第一步响应函数的差异计算给定类别的实际响应概率，获取项目参数和项目信息函数，以此验证受调查者与测试项目之间的关系，实现对量表质量的评估。

（3）模糊-贝叶斯网络。在构建基于模糊-贝叶斯网络的知识测度模型的过程中，首先设定测试将要接受测试的特定情境以及测试者所要完成的单个或系列任务内容；其次要通过先验知识构建贝叶斯网络的拓扑结构，使用模糊集确定各个网络节点赋予先验概率，利用训练样本集对贝叶斯网络参数节点进行概率学习，以适应特定测试环境，得到拓扑结构和节点概率参数后即得到测度的完整模型。模糊-贝叶斯网络对于一般的贝叶斯网络而言，克服了贝叶斯网络应用明确概率、丢失了模糊识别而引起的知识测度不完整问题。

（4）基于信息贡献率的指标优化方法。根据本研究界定的信息贡献率定义，即被保留的主成分对一个指标的差分运算结果与对应主成分方差累计贡献率乘积的和，以此反映指标对原始指标体系的信息贡献大小。亦可认为待优化指标集知识存量在其余指标不变的前提下，某一指标携带有水知识的信息量。信息贡献率越大的指标所携带的水知识信息量越大，对水知识存量的整体影响越显著，该指标在水知识增量测度中的重要性越大。指标的信息贡献率反映了该指标对水知识增量测度整体的信息贡献，可作为指标优化的重要依据。

（5）基于概率集值的粗糙集理论。Pawlak[277] 提出的粗糙集作为一种高效求解复杂问题的计算方法被广泛应用，该方法能够从不确定的、不精确的系统中挖掘新知识并剔除旧的或无用的知识。基于粗糙集的数据分析不需要先验假设模型，本研究又结合统计方法中的概率分布以及知识理论中的概率分配，融入离散分布的数据中，用条件属性和决策属性的离散概率分布来表征公民具备水知识的能力，使得测度出的水知识增量更加客观。

1.3.3 技术路线图

按照理论基础、研究现状、测度指标探索与优化、测度模型构建的主要分析思路，本研究首先开展水知识存量的测度，然后基于文献分析法探索了水知识增长的影响因素，并基于项目反应理论、信息贡献率等优化方法对测度指标进行优化，根据模糊集、贝叶斯网络、粗糙集理论等方法构建知识存量增长测度模型，实现水知识存量及其动态增量测度。主要研究技术路线如图 1-2 所示。

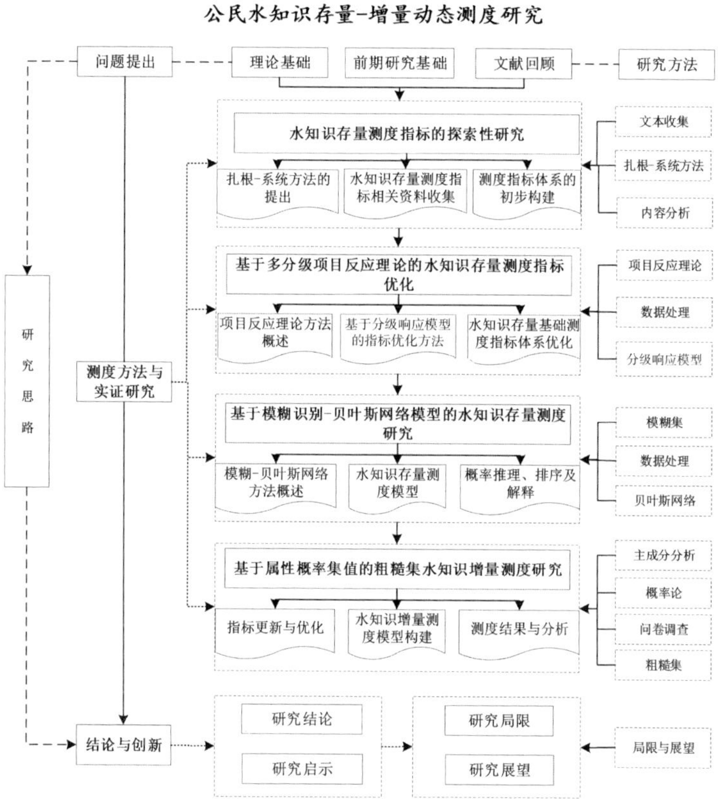

图 1-2　研究框架及技术路线

1.4 主要创新点

本研究主要有以下几点可能的创新之处。

1. 探明了公民水知识存量测度指标及形成逻辑

提出了扎根-系统分析的新质性研究方法，借鉴国内外知识存量、增量相关研究，以水知识特点为前提，以公开资料、相关文献以及半结构化访谈等研究资料为基础，探索并分析了公民水知识存量的测度指标体系，并剖析二级指标与关键指标以及关键指标之间的影响关联与强度，揭示了指标对水知识存量的作用机理，明晰了水知识存量测度指标的形成逻辑。对公民水知识存量测度指标的探索性分析，是探明影响公民水知识水平的关键因素以及测度目前我国公民水知识存量水平的基础性工作，可为我国政策部门针对性地制定水知识普及内容提供一定的理论参考和现实依据。

2. 提出了基于多级项目反应理论的水知识存量测度指标优化方法

将项目反应理论这一心理学方法应用于水知识存量测度指标优化。通过概述项目反应理论中的基础理论模型和多分级项目反应模型，提出了基于多分级项目反应模型的水知识存量测度指标优化方法。根据多分级项目反应模型的基本要求构建初始模型，基于水知识存量测度指标体系获取的调研数据估计模型项目参数，检查模型与数据拟合程度以进一步消除不匹配指标。以多分级项目反应模型对水知识存量基础测度指标进行评估和筛选，可通过观察对比可视的和预期的模型拟合结果，明确测度指标的普适性，整理出一套可测量不同水平受调查者的水知识存量量表。

3. 构建了水知识存量测度的模糊识别-贝叶斯网络模型

模糊识别-贝叶斯网络是将模糊集理论与贝叶斯网络模型融合后提出的一种新方法，通过各知识节点构建贝叶斯网络的拓扑结构，以模糊识别的训练样本集计算基础知识节点的先验概率，再利用贝叶斯网络参数节点进行后验概率学习，得到拓扑结构所有节点概率参数并完成有效性测试后即得到测度的完整模型。本方法改善了现有测度方法贝叶斯网络仅能够测度隐性知识的缺点，同时融入模糊集的概念，将知识测度的等级分布更加细化，模糊集理论能够更真实地反映出公民对于水知识存量测度指标所涵盖的知识点认知，能够更全面地反映公民水知识存量水平。将所有统一量纲后的数据代入已完成概率参数训练的测度模型，对测试数据集进行概率推理，计算出公民水知识存量概率值并进行排序，以此判断出公民水知识存量水平，为了解公民的水知识水平提供了依据。

4. 提出了水知识增量测度的基于概率集值的粗糙集动态测度方法

以水知识存量基础测度指标为基础，梳理随着时间推移能够反映公民水知识增量的知识点，并提出了基于信息贡献率的指标优化方法以筛选出更加全面且符合当前知识现状的基础测度指标。另外，根据水知识系统的独特性，提出了融入概率集值的粗糙集理论动态知识测度方法，研究对象集不随时间变化，但条件属性集发生变化时，水知识系统的知识量的动态变化：一是提出了基于属性概率集值的属性划分方法，以巴氏距离为基础的容差关系作为属性划分的阈值，实现条件属性等价类的区分；二是构建了基于动态粗糙集知识测度的矩阵表示，包括 t 和 $t+1$ 时刻的支持度矩阵、准确度矩阵和覆盖率矩阵，从而获得有实际意义和价值的知识变化特点。该方法拓展和丰富了用于知识测度的研究方法，也为各区域政府检验一定时间段内水知识普及工作是否有效促进了公民水知识的增长提供了测量工具。以此完成的水知识增量测度结果也可让水利部门把握公民水知识变化的基本趋势。

1.5　本章小结

本章主要从水资源短缺、水质危害和水污染现状三个方面分析了研究的现实背景，从水知识的重要性方面梳理了理论背景，明确了公民水知识存量增长动态测度及其时空效应研究的理论意义与实践意义，对研究的主要内容与方法、研究创新点等进行了简要介绍，以清晰的研究思路构建了研究框架与技术路线，为整体研究奠定了理论基础。

2 相关概念与国内外研究评述

本章主要概述了水知识、水知识存量、水知识增量等相关概念，对研究过程中可能涉及的知识基础理论、知识增长理论、知识吸收理论等基础理论进行了梳理，并结合本研究的主题回顾了国内外相关文献，明确相关研究的现状及不足之处，以及开展本研究的目的和价值，为后续的研究奠定理论基础。

2.1 相关概念

2.1.1 水知识

水是我们的生命之源，关于水的奥秘也在不断被探索。随着时代的发展，人们对水的理解逐步提升到了科学认知的层面上。水知识最早的研究源于"水科学"一词，早期的水科学研究被大多学者认为是有关自然界中水的科学，或者说对地球水圈的认识所形成的知识体系，也包括水圈与地球上其他几个圈层的相互关系与相互作用的知识体系[16]。国际上存在最早关于水科学研究的机构是国际水文科学协会（IAHS），其宗旨是促进水文学成为地球科学和水资源学的一个研究方面，以研究地球上水文循环和大陆上的各种水，主要包括地表水和地下水、雪和冰及其物理的、化学的和生物学的过程；不同形态的水与气候、其他物理和地理因素间的关系以及它们之间的相互作用；侵蚀和泥沙同水文循环的关系；水资源管理和利用中的水文问题以及人类活动影响下水的变化；提供水资源系统优化利用的坚实科学基础，如在规划、工程、管理和经济方面传授应用水文学的知识等。"水科学"这一名词的出现曾见于早期文献，但正式使用则是第二次世界大战后联合国教科文组织（UNESCO）成立了水科学司（Division of Water Science），其业务主要包含水文学问题和水资源问题。在中国最早明确提出"水科学"一词是在 1980 年《工程勘察》期刊（第5 期）中，一则新闻报道（"国际水资源协会名誉主席周文德教授应邀来华讲学"）中明确提到"水科学"；1994 年在《西北水资源与水工程》（第 1 期）上，以"1994 年度召开的水科学国际会议一览表"为题介绍《国际水文计划信息》——1994 年将召开的水科学国际会议；1988 年张盛在《地球科学信息》

期刊（第 2 期）介绍了"1988 年国际水科学会议"；1990 年赵珂经在《水文》期刊（第 3 期）介绍国际水文计划第四阶段（IHP-IV）。一直到 1990 年，《水科学进展》期刊正式创刊，在其发刊词中，明确阐述了水科学的内容："水科学是关于水的知识体系"[17]。

由此可见，水科学是一门多学科、多领域的知识体系呈现，高宗军和张兆香在《水科学概论》一书中，阐述了水科学的主要内容包括：水在自然界中的分布及存在形式、水的基本性质、水的运动变化规律、水与生命的关系以及水文学的基本内容[18]；左其亭教授曾在 2007 年年初把水科学表达为水文学、水资源、水环境、水安全、水工程、水经济、水法律、水文化、水信息、水教育等十个方面相互交叉的集合[19]。随着社会的快速发展，人类社会逐渐形成为地球上的一个特殊圈层，对其他圈层产生了持续影响并干扰着地球的自然环境[20]。因此，水在自然环境中和在人类社会中的地位和作用，及其相互作用产生的影响，也是水科学研究的范畴。目前水科学相关的研究已经非常广泛，涌现出大量的研究成果，包括在水资源管理、水环境中的水环境容量和水环境质量、水的可持续发展和水生态环境保护等方面[21-23]。

知识的含义被界定为人们在生产劳动过程中对于自身社会实践经验的总结，这些经验通过人思维的加工处理，转变为信息、价值准绳、符号图像等。公认的知识类型包括隐性、社区和本地知识（包括文化知识）、基于实践的知识（嵌入的技术，政治或管理知识）以及专家知识（科学知识）[24]。Orlove 和 Caton 指出，作为一种社会性建构，"水"的人类学议题涉及五大研究面向：①价值：自然资源与人权；②公正：获取与分配；③管理：组织与规则；④政治：话语与冲突；⑤知识：地方性/原住民知识与科学知识体系[25]。在不同文化、社会和共同体中去追溯水的不同价值形态，审视水资源分配的不平等状况，管理水资源、制订水政策的法则和习俗，并通过人们对水的不同理解来研究多元的，甚至相互冲突的水知识系统是十分必要的[26]。

水知识作为水科学的一个重要组成部分，其内涵近几年来也受到政府部门和众多学者的关注。中华人民共和国水利部为水知识开设了专栏，展示由水旱灾害防御、河流、湖泊、水利史、水利工程、水利风景、水情教育基地、水利常识、百科书推荐、教育视频等不同模块组成的知识体系。对于水知识内涵的理解不同的人有不同的见解，前现代的欧洲社会对水的定性词汇比现代工业化的西方社会更丰富，这表明随着科学模式主导了认识水的方式，人们对水的专业知识认知深度有所下降[27-28]。与水有关的知识属性会以不同的形式体现，可以是与水相关的各种实践和角色，也可以体现在文化、环境、经济、娱乐、社会中[29-30]。Berry 等认为水知识是指对河流、湖泊和其他水体属性的了解，包括各种各样的化学、生物和物理成分。当代的水管理方法往往依赖于特定类型的水知识，水科学知识的变化随经济、法律或技术的变化而发生变化[31]。杨得瑞提出水知识是指有关水的基本知识，包括水资源时空分布、江河湖海基本情况、水灾害概况等自然水知识，生产、生活、生态需水用水情况以及水资源管理等与人类活动有关的水知识[32]。王延荣等在考虑社会生产、生活与水资源关系的基础上，把水知识分为三类：一是水科学基础知识，主要包括水的物理与化学知识、水分布知识、水循环知识、水的商品属性以及水与生命等相关知识；二是水资源开发利用及管理知识，主要包括水资源开发利用知识和水资源管理知识；三是水生态环境保护知识，主要包括人类活动对水生态环境的影响、水环境容量知识、水污染知识、水生态环境行动策略和技能等知识[33-34]。王友富和王清清认为不同的民族都有关于生活与环境的详尽的、复杂的和有价值的知识体系，将那些源于生存实践而发展起来对水的使用与保护的习俗、制度和规范等地方性知识定义为特殊的水知识[35]。而与水相关的物理技能、经验和实践知识存在于不同的个人和集体之间，这些水资源知识对于原住民更为重要[36-37]。综上所述，本研究通过概括前人研究结论，认为水知识的内涵主要指水的基本知识、资源知识以及管理知识等，包括水的物理化学知识、水资源分布以及江河湖海的基本状况知识，水资源管理知识，水资源经济、法律或相关技术知识，人类活动对水生态环境产生影响的相关知识。水知识对于与水有关活动的参与度至关重要[10]，是公民在应对水事件时所具备的基础，是促进公民水素养水平提升的知识基础，是解决我国新老水问题的根本所在。

2.1.2　知识存量

知识存量是个静态概念，但又具有时间特性和空间的概念。最早的概念定义是由国外学者 Stewart 在对知识经济背景下的结构层次深入研究后，首次提出了"知识存量"（knowledge stocks）。随着知识相关研究得到突破性发展，于 1999 年知识存量的定义被学者 Stiglitz 正式提出，认为知识存量可以有益于提高组织或企业的经济效益、价值，它可以代表组织或企业的竞争潜力[38]。经过长期不断深入的研究，不同学者又在前人的研究基础上从不同的视角定义了知识存量，如 Frenz 等认为知识存量是指网络系统在某一特定时点的知识资源总量，是依附于网络内部各结点中的所有知识总和，反映了网络生产知识的能力和潜力[39]。知识存量亦具有不同的表现形式，使知识存量具有一定的结构性，Lavie 等认为，知识存量是显性知识和隐性知识各种存在形式的总和[40]。国内学者在对知识存量的研究过程中，认为知识具有非同一性（异质性），进而呈现出其非加和性特征，因此，要对知识存量进行测度，必须区分知识存量的结构。具体来看，知识存量具有如下结构特征：知识人力资源、科技文献、专利知识产业等。另外，知识存量具有非负特征，并且是时间的增函数，但知识存量也具有一定的波动性，知识存量的波动主要取决于组织或系统的技术创新导致的知识增长和知识的折旧速度[41-42]。Park 等从进化理论出发，认为知识的形成也是一个不断变异的过程，只有符合客观规律的知识才会被保留下来，并经过实践中的积累，最终形成知识存量[43]。

相关学者们还对知识存量的特征进行了研究，本研究总结为以下几个特征[44-45]：①静态性[46]。知识存量不是过程，是"学习"的结果，是通过生活或生产实践不断积累的知识量。②时间性。企业、组织或个人的知识总量并不是一成不变的，它会随着时间和环境的变化而变化[47]。但企业或组织的知识存量强调的是某个时间点或某段时期内所拥有的知识总和，个人知识存量强调随着时间的推移获取的知识总量。③空间性。在某个空间范围内，人们在特定的社会组织中进行实践活动，在实践中"学习"产生知识，因而知识存量具有一定的空间界限。目前空间变量仍旧会影响知识的利用和积累，即使日益先进的现代技术降低了其对知识存量的影响。④非负性。任何组织均具有自身的组织结构和人才，这就产生了以组织结构和人为载体的知识储备，因此每个组织系统都有非负的知识存量，只是不同经济系统或组织具有不同知识存量。⑤时间的增函数。人类持续不断地对世界本原进行探索，使得新知识持续出现，知识的运用亦不会因为运用而使其消失，人类的知识总量会持续增长。⑥增长的波动性。由于知识存量是时间的增函数，知识总量呈总体增长趋势，但其增长速度时快时慢，再加上知识的老化与冗余，整个过程呈现出一种波动性。

知识是构成人类智慧的最根本因素，知识的使用和产生成为知识的核心资源[48]，因此对于组织或个人来说知识尤为重要，有研究表明知识存量可以直接促进创新的新颖性或复杂性[49]，对组织的创新产出具有一定积极的促进作用，从而影响其创新绩效[50-52]。有学者通过实证分析得出知识存量（市场知识和技术知识）对双元性创新和企业绩效之间关系的调节作用[53]，并根据分析结果进一步了解双元性创新如何在组织中发挥作用[54-55]。对于部分企业来说，通过重组现有的知识来源产生新的知识，引起创新的产生[56]。成功的重组依赖于知识存量（人力资本库）的可用性和企业内部的知识流动（由人力资源管理系统诱导），而人力资本库中与创新相关的知识和技能是企业知识存量的重要组成部分[57-58]。张军、张欣瑞等的研究也证明知识的存量积累会推动企业发展，是企业持续成长的必要条件，企业生命周期每个阶段的跃进均需有知识存量的突破性提升，而企业的成长发展演进势必带来绩效的改进。知识存量的重要作用在于其有效性，是反映组织在既定的战略目标下，与其战略目标相匹配的知识资源通过经济活动进行价值创造的效率与效度的指标，可以通过组织某一时点上的有效知识存量与总知识存量之比来表示[59-60]。其中，有效知识存量是一个相对的和平移的概念，它是组织"有效知识"存储的集合[61]。

2.1.3　知识增量

经济学中将数量分为三种，即增量、存量、流量。增量是组织中某个期间增加数量的变化，知识增量是知识在存量的基础上增加的知识，目前针对公民水知识增量的研究鲜有涉及，大多集中在企业中的知识增长，即增量知识是企业在一定阶段或周期内新增加的知识[62]，是从企业相关的其他组织或个人所获取的新知识，如从供应商、政府部门、其他企业客户以及客户新获取的知识[63-66]。知识增量是动态的，能够随着时间的推移以一种特殊的方式逐渐积累。企业所需的知识增量及其对企业的影响有着不同的作用，如朱桂龙和李汝航通过大量的研究得出增量知识通过以下几方面途径对企业创新产生着重要的影响：从外部直接吸收知识，与其他组织进行知识交流和学习，从外部招聘新的人才。同时，他们在研究中将企业所需的增量知识分为以下几类：关于将来技术走向的知识；关于行业的知识；关于特定对象的知识，如某一新产品；有潜在价值的知识[67]。

对于知识增量的特征很少有文献展开研究，在综合其他类型文献的研究成果后本研究认为知识增量应具有以下特性。①动态性。本质上是知识所有者和获得者之间的动态作用。②时空性。特定的某段时间或周期内，某个空间内的增量知识。③吸收性。知识获得方必须具有从外部吸收企业增量知识的能力。④不对称性。不同企业的增量知识不同，同一企业在不同时期的增量知识也不同[68]。知识是一种内生禀赋，由于有限的穷尽性和随之而来的积累而变得越来越大[69]，可借用物理学势差原理，认为网络内外或节点之间存在高知识势能和低知识势能，形成知识势差，导致知识由高势能网络（或节点）向低势能网络（或节点）流动，使网络（或节点）内的知识存量发生变化[70]。

此外，不同的视角下赋予知识增量的含义也不尽相同，如 Wang 从知识共享角度，分析知识增量的获取过程，认为经过共享平台的媒介作用，完成知识鉴别、评价、传递和整合四个步骤，从而实现知识增量[71]。Nell 等从知识均衡性角度，认为分散在不同地点与载体的知识存量在知识网络中的分布是非均匀的，各结点通过对网络内其他结点的识别而获取知识，并通过协同体系累积在原有的知识存量上，实现知识存量的互补，获得存量的增量累积。Paruchuri 认为，知识存量的积累来自网络结点将隐含于产业标准、界面规则、技术参数等相关系统知识内化为本组织专业知识，并嵌入到技术、产品或工艺中去，形成模块化知识存量[72]。Najafi-Tavani 等探讨了知识存量的深度累积途径，即一方面可通过挖掘相同模块的知识，吸收对方的优势知识资源，在相同模块知识融合过程中实现知识存量的累积；另一方面可通过不同模块之间的知识升级，推动本模块知识存量的深度增量[73]。Miller 等从格式转换的角度解释了知识增长的形成，即把其他组织的知识经过消化吸收后再传递给组织内部，实质上是在完成知识存量的格式转换过程中，使知识存量系统从无序状态进入有序状态，随着参数的再变化，又使无序状态进入另一更为高级的有序状态[74]。Nonaka 和 Takeuchi 提出了知识创新的 SECI 模型，即知识转化的四种模式：社会化模式（socialization）指隐性知识向隐性知识转化；外部化模式（externalization）指隐性知识向显性知识转化；整合化模式（combination）指显性知识向显性知识转化；内在化模式（internalization）指显性知识向隐性知识转化。知识创造的场所是"场"，知识就是通过这四种形式的相互转化来实现知识创新的螺旋式上升，从而实现知识存量的持续增长[75]。

2.2 相关基础理论

2.2.1 知识基础理论

知识不同于数据与信息，是一种经过系统化、结构化之后获取的直觉、经验与事实[76]。知识基础理论（knowledge-based theory）认为，组织作为一个社会实体，其如何储存和运用内部知识、竞争力和才能关系到整个组织的生存、发展以及成功[77]，强调了组织需要深入整合和协调员工内部学习过程[78]。知识基础理论对隐性知识（tacit knowledge，嵌入于个人经验的知识）和显性知识（explicit knowledge，能够以一定形式在公众中传播的知识）做出了明确区分[79]。Hakanson 对知识基础理论中的一些重要术语进行了分类与界定，包括显性知识（知道为什么和知道是什么）、内化的知识（不使用的显性知识）、程序知识（关于技能和能力的知识）以及隐性知识（包含能够被清晰阐述和不能被清晰阐述的隐性知识）[80]。其中，隐性知识的特性是宝贵的资源，无法记录和高昂的复制代价使得其只能通过专业人士的观察和亲身实践进行学习[78]。

知识基础理论假设组织或个人都是异质的知识承载体，他们将知识应用于生产产品和提供服务。知识储备决定了效益的好坏，也有助于其实现相对竞争优势[81]。组织如何管理知识的积累能够决定组织的成败，有研究发现能够更好地从外界搜寻、吸收和利用新知识的组织，其产生的绩效会相对更高[82]。知识基础理论假设那些被组织创造、储存和使用的知识，是组织战略意义上最为重要的资源[83]。知识并非由整个组织，而是由单个个体创造、储存和使用的，如何协调和整合不同个体所拥有的知识是一大难题。Grant 提出四个整合个体专业知识的机制：①规则和指令（程序、计划、政策和实践）；②排序（时间表）；③惯例（行为的复杂组织模式）；④群体问题解决及决策（包括讨论、分享和学习的社会交流过程以及最终的行动）[83]。

以上四个协调和整合个体层面知识的机制都有一个共同点，均依赖于"一般知识（common knowledge）"，即被组织成员均应该被知晓的知识，主要包括语言、符号交流（文字、数字、程序等）、共享的专业知识、共享的意义（比喻、类比和故事）以及组织成员认同，这对组织具有重要作用，可以促进组织成员分享更多非"一般知识"。知识基础理论仍然具有一定的局限性，其探究主要集中在组织能力利用、知识能力创造以及知识交换过程，并未将个人作为一种载体去研究其相对于知识基础理论的特性，个人的知识积累过程以及相关影响因素之间的相互作用没有明确的定义，缺乏个体知识转移或者共享机制。

2.2.2　吸收能力理论

吸收能力理论（absorptive capacity theory）是表示企业如何识别新的知识，并将其吸收之后用于实现组织目标的过程[84-85]。吸收新知识可使得组织具有更强的创新能力和灵活性，比不吸收新知识的组织具有更强的竞争性和更高的绩效水平。在实践过程中，企业或组织主要通过自主研发、自主生产中提取、借鉴（其他机构或知识来源）和购入（购买设备、招聘人才、组织内培训）等方式获取新的知识。对于企业获取或拒绝获取知识的影响因素主要取决于可吸收和利用的知识数量、新知识获取成本和困难。这就有可能导致在知识获取的过程中吸收能力的减弱或吸收投入较少的廉价知识。

对于企业来说，发现、吸收和使用新知识的能力取决于员工个体的吸收能力（individual absorptive capacity），但组织的吸收能力并不是个人吸收能力的简单加和，个人吸收的知识对于企业是否有用以及作用的大小需要进行评判，此时组织需要依靠专业人才来评估新知识的利弊，阻止或推动新知识的进入。Zahra 和 George 对吸收能力理论进行了重构，根据对知识的识别、评价、消化和应用过程提出了四种能力类型：获取、消化、转换和利用，其中获取和消化属于潜在性吸收能力，转换和利用是实现性吸收能力[86]。获取能力表示组织或企业在吸收新知识之前的支出水平以及现有知识储备，挖掘新知识的强度、速度和方向；消化能力是能够推动组织或企业评估、解释、理解和学习新知识的过程；转换能力是指添加、删除、重组和重新配置新知识的能力；利用能力是指企业在实践过程中改变、衍生和利用新知识的能力。

Murovrc 和 Prodan[287] 还验证了需求拉动型（市场渠道获取）和科学推动型（科研渠道获取）两类吸收能力获取新的知识，而且基于两种能力的提出，他们认为不应该使用单一构面的量来测量吸收能力。总体来讲，知识吸收能力是建立在组织或企业等团体知识吸收能力的基础上的，无论是潜在性吸收能力还是实现性吸收能力，抑或是二者之间的复杂关系。相对于符合个人吸收能力理论，与组织吸收能力相似，亦需要考虑符合个人对于新知识获取、笑话、转换和利用的基本规律。

2.2.3　知识增长理论

知识增长理论主要分为两部分内容：知识增长的进化论模式和客观知识的自主性增长理论。波普尔将进化论的方法引入了知识增长，试图把进化论作为其知识增长论的基础，另外他还将知识增长看作进化链条中的一个环节，在丰富进化论的同时也使得知识增长理论更加的合理。波普尔认为知识增长的过程也是解决问题的过程，知识增长机制与生物进化机制有很多相似之处，并认为知识理论大体上是关于知识增长的达尔文理论[87]。

科学知识的增长一般要经历如下的 4 个阶段。①问题。科学理论是一种对自然界或认识对象的猜想，问题的出现即是科学理论与实践之间产生了矛盾从而促进新事物的出现。因此，任何新的科学知识的产生都来源于问题。②猜测性理论。这些猜测和假设就是所谓的科学理论。通过提出猜测性的理论来解决问题，而且猜测出来的理论不止一个，理论之间的竞争会产生最优理论。③竞争和批判。各种猜测和理论之间进行激烈的竞争和批判，并接受观察和实验的检验，筛选出认可度较高的新理论。④科学技术发展出现新的问题。随着时间的推移和人类智慧的开发，理论不断被完善，并衍生出新的理论。4 个阶段不断循环重复，逐步增长。关于科学发展的这种过程，波普尔把它程式化为：P1→TT→EE→P2[88]。为了更好地理解科学知识的产生与发展，波普尔提出了世界3理论，即将知识本身看成一个不断发展的世界，注重对知识自身发展规律的探讨，同时知识也是在实践的基础上产生和发展的。

随着时间的推移，众多学者对知识增长理论展开了讨论，刘海龙根据波普尔的知识增长理论提出了几点思考，其一，不同理论间的共生与合作在知识增长中同样具有重要作用；其二，产生新知识既需要盲目变异也需要选择性变异；其三，知识的实在性与规律客观性的关系[89]。总之，知识的增长既与人类的心理活动和认识活动有关，又与知识自主发展机制有关，人们在实践的过程中利用并共享现有知识，又吸收转化新的知识，新旧并重实现知识的增长。

2.3 国内外研究评述

2.3.1 水知识评估及流动相关研究

2.3.1.1 水知识评估相关研究

公民水知识的评估对于其对水的认知以及用水行为改善尤为重要，关于水知识评估的相关研究主要集中在对水知识认知调查[90-96]和水知识现状评估[97-100]方面。最早的一项关于水知识的研究是调查了1 000名加利福尼亚州居民的部分水知识水平，研究报告称大多数受访者都不知道水资源短缺等问题，而且描述水资源的术语能力很差[101]，也有相关研究中针对美国人的调查显示：受访的17个美国人只有不到一半的答复者非常熟悉14个与水有关的术语（如地下水），仅有28％的南卡罗来纳州受访者能够正确定义流域（集水区）[93-94]。同样，一项对1 000名北卡罗来纳州居民的调查显示，只有38％的受访者知道雨水会流向最近的水道，30％的人错误地认为雨水会在排放前得到处理[102]。Jee等以韩国首尔耶鲁女子中学的138名女生（4个班）为研究对象，通过分析水教育前后受调查者对水的认识对态度、行为的影响，来评估水教育的效果[98]。Glick等在美国进行了第二次全国范围内关于再生水使用情况的民意调查。首先，探究了公众对水循环基本要素的理解，并确定了公共知识的重要缺口；其次，调查了美国人最关心的关于水循环利用的影响因素；最后，调查了知识、特定关注和一系列其他因素如何结合起来影响人们对再生水的态度[92]。

在国内也有关于水知识调查评估的研究，但多数研究均是设定调查研究对象，选取相应的水知识测评指标体系设计调查问卷，并根据调研结果对水相关知识现状进行分析[95-96,100,103-105]。以上研究大多是以描述性统计分析以及问卷结果的综合评价值对受调查者的知识进行评估，获取数据结果的主观性较强，从而影响测度结果的科学性。目前，鲜有研究通过构建水知识测度模型尤其是客观性较强的数学模型对公民的水知识存量以及增长进行测度，本研究从构建科学测度模型的角度出发，以期拓展知识测度领域的方法体系，完成水知识存量及其动态增量测度。

2.3.1.2 关于水知识流动相关研究

关注"知识流动"[106]"知识扩散"[107]和"知识转移"[106,108]等可互换概念，以及专家和非专家行为者之间的知识交流对综合水管理至关重要[109]。人们越来越关注知识传播的重要性。对于水治理问题同样需要我们关注水知识的传播，高效的水知识宣传方法能够使人们在有限的时间内掌握更多的水科学知识，避免因缺乏用水常识而造成的水体破坏，对缓解当前紧张的缺水状况大有裨益[110]。

在水知识流动所产生的作用方面，加强水知识宣传，建立完善的水知识宣传体系，不断强化人们的节水意识是解决我国水资源问题的前提条件[111-112]。首先，积极广泛地宣传水知识有助于提高人们对水资源的忧患意识，帮助人们树立良好的节水观念。其次，水知识宣传能够提高人们对水的关注程度，促使人们更加珍惜水、保护水。Lucas 的研究表明向消费者传播饮用水污染数据来增加对不安全水风险的认识，可以实现对消费者行为的影响，进而使得水消费者（家庭或社区）改善自己对水的管理或处理[113]。社区居民通过面向服务的参与和面向宣传的参与，可以通过其经验建立关于水管理的知识体系[114]。

在水知识宣传途径方面，目前国内外已经形成了丰富多样的水知识宣传形式，其中包括以书面宣传形式为主的宣传标语、水知识资料发放、水文化展览和水知识展板等宣传途径[115]；以水知识宣传活动为主的水知识讲座、广告宣传片、水知识问答、水文艺演出、水工程参观、水生态考察和水知识竞赛等水知识宣传活动[116]；以音视频为主的广播和媒体等宣传方法。这些宣传形式虽然在一定程度上能够起到宣传效果，但在实际运用中没有针对性，往往存在一定的局限性。事实上，宣传途径的多样性与针对性并存，才能够有效提升公民掌握水知识的程度。而如何与现阶段宣传途径进行多样性融合，又具有宣传的针对性是本书的研究目标之一，通过挖掘水知识存量及其增长相关的知识要点，为制定针对性的宣传知识点或宣传途径提供理论基础。

2.3.1.3 获取水知识的决定因素研究

目前水知识相关的研究在国内外已有一定的基础，但很少有研究聚焦于获取水知识的决定因素。了解知识获取及其决定因素可以用智力理论如卡特尔的投资理论来展示，这些理论区分了两种类型的智力[117-118]：①"流体智力"，包括认知处理能力；②"固定智力"，即"智力即知识"，包含了保存和应用知识的能力。在此理论下，知识不仅受到教育成就和促进教育成就的因素的影响，还受到促进联想学习的各种生活经历和个人兴趣的影响[117,119]。一系列的生活经历或"特定情境"因素可能会影响与水相关的知识获取。主要包括地理经验，如居住地区、区域水资源禀赋或降雨模式；家庭背景，如房屋产权或者存在家庭式花园；社会经验，如参加社会团体、使用下水道、对生活的满意度以及信息的披露程度[91]。一般来说，负面的生活经历，如情绪压力或生活满意度差，有可能减少可用于获取知识的资源[120]，而参与社区团体活动则可能为非正式学习创造机会[121-122]，但只有有限的研究检验诸如此类的因素是否会影响个体的与水有关的知识，本书在探索水知识存量及其动态增量测度指标时，需要考虑到上述因素，并以控制变量的形式保证外部决定因素基本保持一致，保证动态增量测度的过程中降低外部决定因素的影响。

2.3.2 知识存量测度指标及方法研究

2.3.2.1 知识存量测度指标研究

目前对于知识存量影响因素的研究大多集中在企业知识存量方面，如知识转化和知识共享[75,123]、创新能力[124]、知识的收益性[125]、知识的积累与整合[126]以及文化氛围和创意[127-129]等都会影响企业的知识存量。除此之外，在组织中的个人层面也有关于知识存量影响因素的研究，有学者从个人知识创新能力、知识传递能力和知识应用能力等角度分析了对知识水平的影响[130]；高宏和陆佳伊从经验资质、技能素质、理论知识等三个维度构建员工知识评价指标体系[131]，探讨了员工的知识水平。王斌通过理论和案例分析，从知识聚集度、知识转移速度和知识共振度等角度来探讨知识存量影响因素，构建了知识存量离散性演化机理模型[132]。

本研究对于知识存量的研究主要是构建测度模型以及得出具体的测度结果，而构建科学合理的模型以及最终的结果是以识别测度指标为前提的，据此，本书的另一研究重点是测度指标的选取，但水知识存量的研究目前国内外学者鲜有涉及，大多集中在企业知识存量影响因素及其测度指标的研究。相对于企业知识存量而言，水知识存量测度又具有其独有的特征，其测度因素与企业等相关的知识存量差异较大，测度指标所承载的知识要点也完全不同。水知识存量的影响更加注重公民个性特征、外部的知识环境等因素，本研究主要借鉴上述研究对知识存量影响因素的研究范式或侧重点，结合水知识的特征挖掘适合水知识存量的测度指标，以期构建水知识存量及其增量测度指标体系及测度模型。

2.3.2.2 知识存量测度方法研究

随着知识存量这一概念的提出，有学者开始探索和研究如何测量知识存量，什么样的方法适用于知识存量测度。迄今为止，国内外已有许多学者从不同的视角探讨和寻找可以全面而精准度量知识存量的方式方法。联合国经济合作与发展组织（OECD）在1996年的年度报告"The Knowledge-Based Economy"中提出了一套知识经济环境下的知识测度框架，成为日后知识存量测度评价研究的基础。知识存量测量对于知识管理主动性的实施也是至关重要的，因为它可以评估知识管理对组织知识的影响，从而证明知识管理实施的成本投入与结果产出是合理的[133-134]。

国内外很多学者从不同的角度展开了知识存量的测度研究，有基于不同数据源来获取测度结果的，如Caloghirou使用面板Probit回归对524家最大的希腊制造企业进行的数据调查分析，测度不同层次和形式制造企业的知识存量[135]。Bolisani对知识管理文献中已经提出的知识度量方法的现状进行了批判性回顾，进而提出了一种对不同经济参与者知识流出的识别来测量和解释知识存量的方法[136]。Ahn从知识与流量、产品和绩效之间关系的多个角度探讨知识度量途径，并给出了一种特有的知识测度方法[137]。也有学者从知识存量的不同维度探讨了知识存量的测度方式，如周健明等在研究知识隐藏、知识存量与企业创新结果之间关系的过程中，通过团队知识存量的广度、深度和相关度三个维度对知识存量展开测度研究[138]。李永周和彭璟通过分析国内外测度隐性知识的研究现状，阐明了企业研发团队中个体隐性知识的表征行为和特征，并对测度研发团队个体隐性知识的指标体系进行了设计，测度了企业研发团队的隐性知识[139]。

知识存量的度量方法大多集中在以指标为基础，采用不同的算法或构建不同的模型对知识存量进行评估，如知识网络[140-142]、知识生命周期[143-144]、知识树[131,145-146]、超网络[147-148]、社会网络分析[149-151]、有向无环图[152]和贝叶斯网络[153]等。也有其他一些学者采用了不同的方法对知识水平进行测评，如Grigorenko 等采用距离平方法研究教师知识的水平[154]；单伟等根据物元理论建立企业隐性知识管理绩效评价物元模型，为企业隐性知识管理活动提供决策依据[155]；卢君基于 R&D（research and development，科学研究与试验发展）数据，运用永续盘存法，在基期知识资本估算、R&D 支出价格指数的构造、知识滞后周期以及知识折旧率选择方面对知识存量进行了估算[156]。

由于知识的复杂性，知识存量的测度很难找到一个共同的衡量尺度，往往需要依据不同的情境采取符合需求的衡量标准和测度方式。目前已经有研究人员提出了知识测量框架，但大多数测度模型都尝试在企业层面上测量其知识存量，很少有学者致力于测量个人持有的知识[157]。针对于个人知识存量的测度，学术界还没有找到很好的方法和具有普适性的量化指标，更重要的是现有的一些方法对于知识测度存在一定的主观性，另有使用客观的学习方法结合主观数据来测度知识，如知识树、知识网络和知识生命周期等，但仅能测度部分知识存量。在公民水知识测度方面目前还未有相应的研究展开，本研究认为对公民水知识个体拥有的绝对知识数量不能通过直接的测量公式来测度，因为它是无形和有关联的，但评估个人的某些属性和判断可能会提供一种好的测度方式。不测量公民水知识的本身特征，而是识别和评估可能存在于个体内部的水知识点，即个体知识测度指标，再借鉴前人对于知识测度的方法研究尝试再提出一种符合公民水知识特征的测度方法，二者结合以期能够更加科学合理地反映出公民水知识的实际现状。基于此，本研究主要提出了一种模糊-贝叶斯网络方法，本方法改善了现有测度方法贝叶斯网络仅能够测度隐性知识的缺点，同时融入模糊集的概念，将公民对不同知识的认知程度更加细化，防止获取过于主观的调研数据而影响对知识点认知的准确性，从而能够更科学全面地对公民水知识存量进行测度。

2.3.3　知识增量测度指标及方法研究

2.3.3.1　知识增量测度指标研究

对于知识增量测度指标的探索性研究目前国内外还没有形成统一说法，有部分研究围绕着企业知识存量增长的影响因素展开，如 Wu 和 Shanley 认为可以通过开放数字图书馆的论文，依靠电子信息成果所携带的知识来促进新知识的增长[158]。杜静和魏江的研究表明，影响知识存量增长的因素主要有：知识主体找寻知识的能力、知识主体获取知识的动力、知识主体的学习和整合能力、相对位势的大小和克服知识势差的氛围[126]。张少杰等从人力资本（human capital）、结构资本（structural capital）、顾客资本（customer capital）的 H-S-C 知识资本结构角度出发，认为企业知识存量增长依附于人力知识、结构知识和顾客知识三方面的知识增长，并在此基础上探讨了知识存量的增长途径[159]。覃荔荔等研究发现研发联盟知识存量的增长是由企业自身知识的吸收能力、初始知识存量以及知识创新速度决定的，知识共享意愿也是重要影响因素之一，但知识共享意愿的影响较为有限，提高知识吸收与创新能力是增加企业和研发联盟知识存量的有效途径[160]。曾德明构建了基于知识协同的供应链企业知识存量增长模型，并认为知识协同的循环作用机制是知识存量不断提升的根本性原因[161]。

还有些研究从知识增长的机理出发，探索知识存量增长的影响因素，如夏立明和张宝成、李雪娜基于扎根理论研究方法，对通过访谈得到的第一手资料进行概念化和编码化并解构其内在联系，识别出工程咨询企业员工共生状态下企业知识存量增长的关键因素[162-163]。从知识治理的角度出发，部分学者认为知识治理机制质量的变化以及随之而来的知识传播和治理成本的变化可能会弥补或放大知识存量增加的效应[164]，更重要的是知识治理机制的质量和嵌入企业系统的知识连通性水平，具有高度知识连通性的系统能够更好地将每个时间点生成的不同知识集成到有效的知识存量中[45]。除此之外，一些研究也梳理了关于知识增长的研究，如 Mao 等分析了网络密度和异质性对 university-industry innovation networks［UIINs（大学产业创新网络）］知识增长的影响[165]。知识可通过知识转移、溢出和知识创新而增长，且知识增长与每个 agent 的初始知识水平、网络密度和 agent（主体）异质性之间存在一种函数关系。Schaap 和 Verkoeijen 探究了心理学系受访学生知识增长的决定因素，以进度测验（一种用于评估知识长期保存与成长的方法）为主要评估工具，分析了初始学习水平、先验知识、课堂出勤率和个人学习时间与进度测试成绩之间的关系[166]。

综上，企业知识存量的增长大多与企业知识存量、知识的吸收、创新能力、知识协同等方面相关联，而水知识存量增长与企业存量知识增长相类似，但是又有明显的差异。基于水知识的特征，类似于对水的有效利用、水的科学知识等知识点的认知情况变化会影响水知识存量的增长，因此本研究对水知识增量测度的研究是基于现有知识存量增长变化的基础上，探索水知识存量增长变化的测度指标体系。

2.3.3.2 知识增量测度方法研究

知识存量的增长是建立在知识存量的基础之上的，需要从不同的维度吸收和转化相应的知识才能实现知识的补充与更新，提升知识存量[167]。国内外学者关于知识存量的增长测度研究大多集中在探讨知识存量增长的机理和途径上，如在知识应用与知识重构的基础上提出了知识存量动态激活模型，并基于知识位势视角、知识的静态和动态积累、知识整合等方面探讨了知识存量的增长机理[126,168]。也有学者从基于数字化学习（e-learning）、知识存量影响因素的转化视角，分析了提升企业知识存量的有效措施和增长途径[169-170]。骆以云和李海东分析了知识存量与企业成长之间的关系，并从知识活动的流程和对知识工作者的管理角度提出了增加企业知识存量的途径[171]。张伟和王希钧分析了在创新系统内两个知识主体之间的知识互动下知识存量的积累过程，在此基础上构建了两主体相互协作下的系统知识存量增长动力学模型，并通过仿真手段模拟了在该模型下知识存量的增长过程[172]。禹献云等应用基于多主体（agent）的建模方法建立了一个技术创新网络知识增长过程模型，采用 NetLogo仿真平台进行仿真，对研究假设进行检验[173]。

对于知识增长测度，白杨和邓贵仕提出了一种企业虚拟社区的知识增长的形式化测度方法，用个体与社区知识能集和知识能值表示社区的知识存量，根据生态学能量流动理论界定社区的知识转移效率[174]。Smit 等运用内生增长模型，知识存量的概念可解释为在区域层面运行的本地化存量，并进行了第二次、第三次和第四次社区创新调查（涵盖 1994－1996 年、1998－2000 年和2002－2004 年的数据），以衡量在一个非常低的区域聚集水平上的知识积累情况[175]。对于知识的测度和计量，不管是宏观还是微观，都离不开知识的物理测度和价值测度两个方面[176]，知识增量的测度也需要同时兼顾不同维度的测度。现有的研究成果中大多是围绕着知识存量增长的机理和途径展开，通过知识位势视角、知识的静态和动态积累、知识整合等方面探讨其增长机理，从数字化学习、知识存量影响因素的转化视角探索其增长途径，鲜有涉及知识存量增长的测度指标的探索以及测度研究，只有少部分学者对知识增长的测度提出了量化方法以及构建了知识存量增长模型。对于水知识存量增长测度研究，目前还没有学者提出测度方法以及相应的实证研究，基于此，本书借鉴企业知识存量测度的相关研究，基于水知识增量的概念，探索影响水知识增量的因素，通过资料更新与专家访谈等方法尝试梳理出水知识存量增长的测度指标，同时提出一种匹配的测度方法，以期完成对公民水知识增量的测度。

2.4　本章小结

　　本章主要对水知识、知识存量、知识增量等概念进行了整理，明确了具体内涵及特征，对知识基础理论、吸收能力理论、知识增长理论进行了回顾。在相关理论基础上，重点整理了水知识评估及流动相关研究、知识存量测度指标及测度方法研究、知识增量测度指标及测度方法研究等三方面的国内外研究现状与研究基础，总结了目前研究存在的问题以及本研究的主要研究目标和重点，为后续研究的展开奠定了理论基础。

3 水知识存量测度指标的探索性研究

本章在借鉴扎根理论和事件系统理论方法的基础上提出了扎根-系统分析的新方法，并运用该方法展开了水知识存量测度指标的探索性研究。本研究提出的扎根-系统分析方法主要是通过对原始资料的收集与整理，探索水知识存量测度指标体系，并基于访谈资料对形成的主要范畴进行探索和描述，进一步探究各关键范畴对研究对象形成及演进的作用关系，刻画并形成研究对象的概念建构和理论框架，揭示了研究对象演进过程及其内在作用机理，明晰了水知识存量测度体系的形成逻辑。

3.1 扎根-系统分析方法概述

3.1.1 基本思想与方法优势

扎根理论由社会学家 Galsser 和 Strauss 在 1967 年提出，是一种具有科学性和有效性的定性研究方法[177]，运用系统化的思想，针对某一现象来发展并归纳式地引导出扎根的理论。近年来，扎根理论被广泛应用于社会学、情报学等各个领域。其主要研究范式是对调查对象进行半结构化访谈，运用扎根理论解析出不同维度的影响指标，并构建理论模型[178-179]。已有研究表明通过扎根理论的动态分析与编码过程能够较好地探究因素对研究对象的影响情况，提炼出研究对象的本质规律并最终得出结论。但该方法的不足之处是仅仅能探索和分析相关指标，但无法深入探索各指标间的逻辑关系和作用机理，而另一种质性分析方法——事件系统理论，可通过对原始资料的分析探索影响因素之间的逻辑关系，进而挖掘出各指标之间的作用机理。

事件系统理论（event system theory，EST）最早由 Morgeson 提出，主要根据系统层级间的相互影响关系，关注并解释事件本质属性（时间、空间以及强度）对组织的动态影响[180]，事件系统理论从定量和定性两方面丰富了现有组织理论的应用范畴[181]。事件系统理论依据事件与实体之间的作用关系主要从三个维度展开，首先在事件分析过程中强调事件的动态性，认为事件在与外部环境的交互作用过程中产生了对组织的影响，其影响程度取决于事件强度，即事件的新颖性、颠覆性及关键性[180]；其次，为了体现其动态性，该理论认为事件还具有时间和空间属性，即当事件强度一定时，事件发生的时间点越符合其发展需求（时机）、持续时间越长（时长）、发起越接近组织高层（起源）、覆盖扩散范围越广（扩散范围）、距离实体越近（事件与实体距离），事件对实体产生的影响越强[181]。目前事件系统理论已被应用于不同层面的研究，如关于组织层面，李红和张妙甜基于事件系统理论的案例分析了中国企业应对专利风险的策略[182]；Beeler 等通过事件系统分析法研究了影响销售组织演变的关键事件[183]；Bruyaka 等观察了负面事件对联盟伙伴选择的影响[184]；于帆等用事件系统理论研究了公共场所拥挤踩踏事故机理与风险评估[185]。近年来，个体层面事件系统理论的研究也逐渐增多。如，Koopmann 等研究了工作中的事件对员工幸福感的影响[186]；Johnson 等研究了事件特征对建议可信性和建议采纳的影响[187]；张默和任声策通过获取的访谈资料，采用事件系统理论对创业者如何塑造创新能力展开研究[188]。但事件系统理论大多是基于现有案例和关键事件对影响机理进行分析，但是其无法探索一个新领域的关键影响因素。

本研究拟在借鉴扎根理论与事件系统理论两种质性研究方法的研究思想和优势的基础上，提出一种新的质性研究框架——扎根-系统分析方法，该方法是对上述两种研究方法的改进和优化，也是对质性研究方法的一次有益探索。主要思路是通过对原始资料的收集与整理，使用 Nvivo 12.0 软件对资料进行编码，探索公民水知识存量的关键基础测度指标，并对形成的主要范畴进行描述；同时构建关键范畴链，对关键范畴链中不同范畴的强度和空间属性进行量化分析，进一步探究各关键范畴对公民水知识存量测度指标形成及演进的作用关系，刻画并形成概念建构和理论框架，揭示演进过程及其内在作用机理。

3.1.2　扎根-系统研究方法

3.1.2.1　研究资料收集

研究资料来源于特定群体的深度访谈、公开资料和文献搜集，并以访谈资料为主。深度访谈是质性研究中一种非常重要的资料收集方法，这种具有指向性的谈话形式可以帮助研究者获得更为细致、更加深入的原始资料。资料收集贯穿于整个分析过程，以知识基础理论为基础，考虑异质的知识承载体和将知识应用于生产产品和提供服务的能力，依据研究对象在现实中所存在的问题及其引起的讨论或疑问去选择受访者或被观察，并且利用编码过程中获得的分析见解来指导进一步的数据收集。同时，结合公开资料和相关文献，对访谈资料中缺失或不完整的数据进行补充。整个过程需要着重把握包括显性知识（知道为什么和知道是什么）、内化的知识（不使用的显性知识）、程序知识（关于技能和能力的知识）以及隐性知识（包含能够被清晰阐述和不能被清晰阐述的隐性知识）等所有特性在内的水知识点。

3.1.2.2 资料概念化和范畴化

运用编码技术进行研究资料的概念化和范畴化是寻找原始资料中的关键描述或话题的过程，是寻找所收集数据的字、词、句、段落或整篇文字背后的属性、主题的过程[189]。主要包括两个步骤：一是对原始资料分类、比较、检索并进行初步概念化。在这个过程中，研究者将所整理的资料进行分类和整理，对原始数据进行逐行逐句编码，尽量多地对资料进行概念化处理，形成概念化语句；二是对概念化所得语句进行范畴化。主要是依照相关原则对概念化语句进行缩减提炼，得到更为精炼的关键范畴。

3.1.2.3 主范畴探索与描述

要对所获得的范畴、概念进一步对比、聚焦、凝聚和精练，发展主范畴。基本方法是基于持续不断的比较和整合，循沿研究对象产生的条件、发生的情境，以及其行为的策略和后果，寻找主范畴与主范畴之间、主范畴与关键范畴之间关系，并将范畴联系在一起[190]。挖掘范畴之间的内在关联结构，将这些范畴纳入一定的结构和秩序之中，归纳发展出更高层次的主范畴，显现出主范畴与范畴之间的结构关系，得到主范畴及其主要描述。

3.1.2.4 关键范畴链构建

范畴链是指一系列具有演化关系、按照一定结构关系形成的关键范畴集合。建立关键范畴链需要明确每个关键范畴的链式演化诱发因素，进而确定关键范畴之间的演化关系。主要是通过反向追溯访谈资料，根据研究资料中专家访谈所描述的关键范畴、概念化语句或话题之间的联系，梳理每一关键范畴的具体概念或完备的、结构化的描述，展示出在不同情况下关键范畴所表现的特征和造成的影响，以及如何归纳发展出下一范畴，发现范畴之间的诱发因子，以此挖掘不同形式的关键范畴链。由于关键范畴所包含的规范化、概念化语句或话题较为繁杂，演化机理很难完全把握，而且关于初始范畴产生的影响达到何种程度时会确定引发后继范畴的问题，众多专家和学者并没有形成统一的、明确的判断依据，并且考虑到演化关系的形成条件比较苛刻，本研究中范畴链构建方法建立在较弱演化关系之上，因此只要关键范畴 A 的某一子范畴诱发了关键范畴 B 的子范畴，就认为范畴 B 与范畴 A 存在确定的演化关系。

3.1.2.5 范畴属性测量

范畴属性测量主要关注和解释范畴的本质属性对研究对象的动态影响程度。包括关键范畴的强度属性、空间属性和时间属性，其中强度属性包括新颖性（区别于以往认识和实践的程度）、颠覆性（对常规认识和实践的颠覆和扰乱）和关键性（对目标实现的显著影响程度）；空间属性包括依赖性（关键范畴与主范畴之间的紧密程度）、方向性（不同主范畴之间关键范畴的纵向扩散关系）和发散性（不同关键范畴的形成对其他范畴的影响程度）；时间属性包括强度变化（范畴随时间推移的强度变化程度）和持续时间（范畴被主体主动学习或接受的持续时间长度）。选取专业领域内的专家学者，根据研究资料判断并对范畴的强度属性和空间属性进行赋分，其中"＋＋＋"代表"强"，"＋＋"代表"中"，"＋"代表"弱"。如表 3-1 所示。

表 3-1　范畴属性主要测量维度

属性	维度	含义	赋分规则
强度属性	新颖性	区别于以往认识和实践的程度	"＋＋＋"表示"强" "＋＋"表示"中" "＋"表示"弱"
	颠覆性	对常规认识和实践的颠覆和扰乱	
	关键性	对目标实现的显著影响程度	
空间属性	依赖性	关键范畴与主范畴之间的紧密程度	
	方向性	不同主范畴之间关键范畴的纵向扩散关系	
	发散性	不同关键范畴的形成对其他范畴的影响程度	
时间属性	强度变化	范畴随着时间推移的强度变化程度	
	持续时间	范畴被主体主动学习或接受的持续时间长度	

3.1.2.6 对研究对象内在机理的系统分析

根据每个关键范畴链中主范畴强度属性、空间属性和时间属性的平均赋分，同时结合已构建范畴链中每一个主范畴对其他范畴的诱发频次，剖析主范畴与关键范畴以及关键范畴之间的影响关联与强度，按照主范畴和关键范畴形成或影响的不同程度和层次，对范畴间交互影响作用进行系统分析，揭示研究对象的内在作用机理。

3.2 水知识存量测度指标的扎根-系统分析

本研究通过广泛收集资料，扎根于数据来建立理论，运用系统化的程序深入探索公民水素养表征模型及其内在作用机理。

3.2.1 资料来源与整理

根据研究设计，首先拟定预访谈提纲，选择相关学者进行访谈，对访谈提纲进行修正与完善，再通过对3位校内学者的深度访谈以及课题组成员多次讨论，最终确定访谈提纲。然后选择中高层水利工作人员和相关领域专家教授作为访谈对象，其中水利工作人员12位，相关领域研究学者11位。将访谈录音文件转录为文字，文字稿共计24.6万字。公开资料和相关文献主要包括中外期刊和硕博论文收集、图书资料收集、政府文件资料收集、网络资料收集等，共获取864篇学术论文和85万字的文字稿，如表3-2所示。

表 3-2　数据收集详细信息

数据类型	数据收集方式	访谈对象	访谈人数	总访谈时长	访谈结果
访谈数据	半结构式访谈	水利工作人员	12	453 min	11.4万字
		相关学者专家	11	506 min	13.2万字
数据类型	数据收集方式	数据获取渠道	数据检索	数据获取途径	数据收集结果
公开数据	手动收集	中外期刊、硕博论文收集	水技能、水教育、水文化、水伦理、水责任、水关注、水科学知识等关键词	中国知网、Web of Science、Scopus数据库	747篇学术期刊论文；117篇硕博论文
		图书资料收集	高度相关的图书资料	公开出版的学术著作或教育读物	75.4万字

续　表

数据类型	数据收集方式	数据获取渠道	数据检索	数据获取途径	数据收集结果
公开数据	手动收集	政府文件资料收集	政府部门新闻发布会相关文字稿、管理制度及条例等	发改委、水利部及相关机构官方网站	8.3万字
		网络资料收集	自媒体或相关信息平台发布的资料	百度文库、豆丁网以及企事业单位公众号等平台	1.3万字

3.2.2　研究资料概念化和范畴化

本研究采用软件编码和人工编码两种方式，将原始资料进行概念化和范畴化，以最大程度保证数据资料编码过程中搜索、存储和分类的高效性、快捷性和准确性，又可将研究者思考、判断引入研究之中。

3.2.2.1　原始资料编码过程

对原始资料进行开放性编码，在保证数据真实性、语言描述流畅性、概念相互独立性等原则的基础上，借用 Nvivo 12.0 软件进行逐句编码，对原始资料、参考文献、已有概念和范畴之间循环往复地不断比较后，共得到85条初步概念化的语句。经过进一步的研究讨论与专家咨询，对初步概念化语句结果进行调节、整合，最终得到43条公民水知识存量测度指标概念化语句，如表3-3所示。

表3-3　原始数据概念化

序号	概念化语句
a1	洪灾、旱灾发生时应对措施
a2	知道水是生命之源、生态之基和生产之要，既要满足当代人的需求，又不损害后代人满足其需求的能力
a3	了解当地个人生活用水定额并自觉控制用水量

序号	概念化语句
a4	了解当地防洪、防旱基础设施概况以及当地雨洪特点
a5	了解地表水和污水监测技术规范、治理情况
a6	了解地球上水的分布状况（如地球总面积中陆地面积和海洋面积的百分比）；了解地球上主要的海洋和江河湖泊相关知识
a7	了解工业节水的重要意义，知道工业生产节水的标准和相关措施
a8	了解国内外重大水污染事件及其影响
a9	了解合同节水及相关日常节水管理（如洗漱节水、洗衣节水等生活节水）知识
a10	实施河长制的目的（保护水资源、防治水污染、改善水环境、修复水生态的河湖管理保护机制，是维护河湖健康生命、实现河湖功能永续利用的重要制度保障）
a11	农业灌溉系统、农业节水技术相关知识
a12	了解人工增雨相关知识
a13	知道在水循环过程中，水的时空分布不均造成洪涝、干旱等灾害
a14	了解人工湿地的作用和类型
a15	了解人类活动给水生态环境带来的正面或负面影响
a16	自然界的水在太阳能和重力作用下形成水循环的方式（如蒸腾、降水、径流等）
a17	了解水的物理知识，如水的冰点与沸点、三态转化、颜色气味、硬度等
a18	了解水环境检测、治理及保护措施
a19	水环境容量的相关知识，知道水体容纳废物和自净能力有限
a20	了解水价在水资源配置、水需求调节等方面的作用
a21	知道合理开发和利用水能是充分利用水资源、解决能源短缺的重要途径
a22	中国水利管理组织体系的职责和作用
a23	了解水权制度，知道水资源属于国家所有，单位和个人可以依法依规使用和处置，须由水行政主管部门颁发取水许可证并向国家缴纳水资源费（税）

续　表

序号	概念化语句
a24	了解水人权概念，知道安全的清洁饮用水和卫生设施是一项基本人权，国家要在水资源分配和利用中优先考虑个人的使用需求
a25	了解国家按照"谁污染、谁补偿""谁保护、谁受益"的原则建立的水环境生态补偿政策体系
a26	了解水污染的类型、污染源与污染物的种类，以及控制水污染的主要技术手段
a27	知道过量开采地下水会造成地面沉降、地下水位降低、沿海地区海水倒灌等现象
a28	知道饮用受污染的水会对人体造成危害，会导致消化系统疾病、传染病、皮肤病等，甚至导致死亡
a29	知道"阶梯水价"将水价分为两段或者多段，在每一分段内单位水价保持不变，但是单位水价会随着耗水量分段而增加
a30	知道水生态环境的内部要素是相互依存的，同时与经济社会等其他外部因素也是相互关联的
a31	知道中水回用是水资源循环利用的重要方式
a32	了解水的化学知识，如水的化学成分和化学式等
a33	了解中国的水分布特点以及重要水系、雪山、冰川、湿地、河流和湖泊等
a34	知道污水必须经过适当处理达标后才能排入水体
a35	掌握科学的饮水知识（如不喝生水，最好喝温开水，成人每天需要喝水 1 500～2 500 mL）
a36	了解水对生命体的影响
a37	知道使用深层的存压水、高氟水会危害健康
a38	知道环保部门的官方举报电话 12369 以及所在地水污染举报电话
a39	知道节水可以保护水资源、减少污水排放，有益于保护环境
a40	知道节约用水要从自身做起、从点滴做起
a41	知道如何回收并利用雨水

序号	概念化语句
a42	对水是不可再生资源的认知（水生态系统一旦被破坏很难恢复，恢复被破坏或退化的水生态系统成本高、难度大、周期长）
a43	知道水是人类赖以生存和发展的基础性和战略性自然资源，解决人水矛盾主要是通过调整人类的行为来实现

注：该数据来源参考课题组 2019 年完成的项目报告以及论文[191]，并于 2021 年 6 月出版在《公民水素养基准的探索性研究》（经济管理出版社）一书中。

3.2.2.2 关键范畴梳理

对初次编码形成的 43 条概念化语句中进行二次编码，得到 11 条规范化范畴（下文中表达为：关键范畴），使用"A＋序号"表示；对规范化范畴进行进一步归类总结，提炼出 4 个主范畴，使用"AA＋序号"表示，如表 3-4 所示，同时，根据访谈资料明确规范化范畴的内涵。

表 3-4　概念化语句的范畴化结果

主范畴（表征因素）	规范化范畴	对应概念化语句
AA1 资源与环境知识	A1 水资源分布与特点相关知识	a6, a14, a33
	A2 水的可持续发展	a2, a15, a21, a41, a43
	A3 水循环相关知识	a12, a13, a16, a31
	A4 水生态环境知识	a18, a19, a26, a27, a30, a34, a38, a39, a42
AA2 安全与管理知识	A5 水安全知识	a1, a4, a8, a28, a37
	A6 水管理知识	a3, a5, a10, a22, a25
	A7 水的商品属性相关知识	a20, a23, a29
AA3 节水知识	A8 产业节水知识	a7, a11
	A9 生活节水知识	a9, a40

续　表

主范畴（表征因素）	规范化范畴	对应概念化语句
AA4 水基础知识	A10 水的主要性质	a17，a32
	A11 水与生命的相关知识	a24，a35，a36

3.2.3　水知识存量测度主范畴探索与描述

在反复考虑公民水素养关键范畴内涵与外延的定位与塑造的实际需要后，通过专家咨询，将 4 个主范畴归纳为水知识这一核心范畴，根据主范畴与核心范畴之间的联系对其关系结构内涵进行解释，具体内如表 3-5 所示。

表 3-5　主范畴的关系结构

典型关系结构	关系结构的内涵	受访者代表性语句
资源与环境知识→水知识	资源与环境知识是水知识显化在外部环境中的知识，是公民水知识存量与外部环境交互的基础	"水是人类赖以生存的基础资源，每个人都知道离开了水都无法存活，但是我们更应该知道我们的水从哪里来？除了广为人知的地下水，还有其他的水系存在，分布在大江南北，有的多有的少" "现在国内外都比较注重收集雨水，相对于废水回收利用，雨水更加具有优势。但是除了城市对雨水回收的系统外，农村也需要了解如何回收利用雨水。另外，生活污水的再次利用也需要加强知识宣传"
安全与管理知识→水知识	安全与管理知识是水知识主体保护自身与参与知识管理的基本保障因素	"水灾害每年都会造成巨大的生命财产损失，国家已经采取了很多措施，但是依然无法避免，这很大程度上是公民对应急防范和避险知识缺乏导致的。还有一些居民不能分辨出干净的水和轻微污染的水，对人体造成了危害" "我国属于严重缺水的国家，相关部门根据地区的差异制定了用水标准，但是很多人并不知道此标准，更不能基于标准严格要求自己节约用水；大家都知道用水需要付费，水价的高低以及阶梯水价的规定大多用水公民或单位还是比较清楚的，经济手段确实可以有效控制用水量"

典型关系结构	关系结构的内涵	受访者代表性语句
节水知识→水知识	节水知识是水知识的必备知识，是促使知识主体节约水资源所必备的内部驱动因素	"节水的重要性不言而喻，对于普通公民而言，需要从生活中的各种细节着手，如洗菜的水可以用来冲洗马桶、洗手的时候尽量关小水龙头开关等等，这都是一些日常节水小知识" "对于工业和农业等商业用水而言，其用水量是非常大的，也是节约用水的主要责任主体，如果用水实际操作者能够掌握一些节水知识，这将能够节约大量的水资源"
水基础知识→水知识	水基础知识是水知识的根本，是知识主体了解水资源的基础因素	"水的物理化学性质是每一个公民需要掌握的基础知识，掌握这些性质能够让公民知道什么是生水，如何正确饮用水，如何判断水是否被污染等" "水权在世界范围内都存在，水是一种资源，比如说一片水域在当地人的栖息地中，那么他们是不是有享受用水这个权利？如果你来这儿开发水资源，肯定不能影响当地人权益，这就是水权的体现"

3.2.4　水知识存量主范畴链构建与属性测度

本研究通过反向追溯原始资料，梳理出公民水知识存量形成过程中关键范畴的具体概念或结构化的描述，揭示出不同关键范畴所表现的特征和造成的影响，以及如何演化出其他范畴，发现范畴之间的诱发因子，以形成不同形式的关键范畴链。在构建的公民水知识存量形成过程关键范畴基础上，以扎根-系统分析方法的思想，结合公民水知识存量基础测度指标探索的实际，按照范畴强度、范畴空间两个维度构建测量量表。分析方法中关键范畴测量维度，每个范畴的具体描述与范畴属性测量结果如表 3-6 所示。根据关键范畴链以及关键范畴的测度结果，构建了公民水知识存量形成脉络图，具体结果如图 3-1 所示。

关键范畴链概述与测度结果以及形成脉络图可直观展示出关键范畴与主范畴之间的逻辑关系以及关键范畴之间的作用机理，该研究结果为后续构建公民水知识存量测度指标体系以及问卷调查设计奠定了理论基础。

表 3-6　水知识存量形成过程关键范畴链概述与测度结果

主要资料描述	起因范畴	知识识别	主范畴	强度属性			空间属性		时间属性	
				新颖性	颠覆性	关键性	依赖性	方向性	强度变化	持续时间
"现在关于水资源的分布状况很多人认识很浅,只知道自己生活的地方从来没停过水,水资源很充足等等,但水资源的分布知识是很丰富的,也是生活中需要知晓和掌握的。我国水资源分布的特点属于南多北少,北方很多城市的水都是通过'南水北调'工程输送获得,只有知道水的来之不易,才能实现尽可能地节约用水。"	A1	资源知识		+	++		++	++	++	++
"水是一种不可再生资源,人类的生存、生产活动和生态环境都离不开水。合理开发和利用水资源,才能保证最大程度地利用水资源;除此之外,人类活动也是影响水资源利用的重要因素。很多公民对水资源的属性认识不够,使水生态环境遭到破坏,严重制约了水资源的可持续利用。""说起我们对水的责任和义务,一般都会多或少地关心水的使用,国家一直在提倡可持续用水,为保证水资源可持续发展,我们的后代能够保水,我们应该去主动去学习如何才能让水资源,尽可能地为水资源的持续使用性利用尽自己的一份绵薄之力。"	A2	资源知识	AA1	+	++ / +	++ / +	++	+	++	++
"环境中的水遵循自然循环模型,通过调节水流和确保水质来保护水资源[192],然而对于水循环的了解大多还停留在蒸发、降水等物理循环,还认识较浅,污水厂处理后的中水再次利用[193-194]和人工增雨等循环用水模式需要引起广大公民的重视来促进水资源的循环。"	A3	资源知识		++	++	++	++	+	++ / +	+

续　表

主要资料描述	起因范畴	知识识别	主范畴	强度属性			空间属性		时间属性	
				新颖性	颠覆性	关键性	依赖性	方向性	强度变化	持续时间
"水环境的好坏直接影响到我们的生活。现在政府部门非常注重水环境的检测，设立了很多监测点，也会出具地表水质量监测报告。如果人们能够了解水环境污染相关的部分知识，在意识到水质等级较差或水源被污染时，就能够采取一定的手段去积极保护水环境，如植树造林，报告给水污染处理部门，减少使用能够有害水体的物质（如磷较高的洗衣粉、农药、化肥等）。"	A4	环境知识	AA1	++ +	++ +	+	++ +	+	++ +	++ +
"每年我国溺水事故数不胜数，看到一些危险区域或是一些危险区域，就是一些人认识不了水危险区域或潜在危险区域，看到一些危险区域，才会导致事故的发生。根本就没有自我保护意识和遇险时应该有的基本常识"通过各种官方平台、社交媒体、报纸等媒体，了解多关于水洪灾、旱灾的预警与防护知识，水污染事件与影响等。这些知识点告诉我们只有掌握了全面的水安全知识，才会主动去规避一些突发或明显的水危险。"	A5	安全知识	AA2	+	++ +	++ +	++ +	+	++ +	+
"通过网站或公告通知或公告看到各省市居民生活用水定额的文件，了解到现在居住城市的定额，也告诉过各省居民住在城市的节约用水，尤其是洗衣做饭这些事人都知道水的管理是有专门的水利管理部门，像水利厅和水务局等，也都基本了解相关部门关于水生活、生产的职能。但关于水生态环境的治理体系就没有那么清楚了，这只有较为专业的人员才了解了。"	A6	管理知识/环境知识		++ +	++ +	++ +	++ +	+	+	++ +

续 表

主要资料描述	起因范畴	知识识别	主范畴	强度属性			空间属性		时间属性	
				新颖性	颠覆性	关键性	依赖性	方向性	强度变化	持续时间
"水价代表着水资源的商品属性，水价的设立不同地区也具有一定的差异性，毕竟我国的水资源分布状况也不同，但目前来看我国整体的水价并不高，很多人也觉着普通的生活用水仅仅只占生活开支的很小一部分，几乎可以忽略不计，我国也实行了阶梯水价，但公民对水价的分级标准了解较少，所以很少有人会根据水价刻意地减少用水；另一方面，对于水资源优化配置是有需水资源的"节约"，领要政府的推动，水价的合理上涨必然会带动水资源的"节约"。"	A7	管理知识	AA2	+	++	++	++	+	+++	++
""合同节水管理是指节水服务企业与用水户以合同形式，为用水户募集资本，集成先进技术，提供节水改造和管理等服务，以分享节水效益方式收回投资，获取收益的节水服务机制①"合同节水管理"主要面向企业单位，一些用水量较大的地方，提升用水效率，这种节水管理能够有效促进节水服务产业和节水改造，"农业"是我国民经济中的一个重要产业，有很多省是农业大省，农业灌溉是主要用水产业且使用地下水，推广使用先进的农业节水灌溉系统和节水技术十分有必要，公民也需要了解相关的农业节水技术，节水技术才能有效促进节约农业用水。"	A8	节水知识	AA3	+	++	++	++	+	++	+

① 摘自：发改环资〔2016〕1629号文件《关于推行合同节水管理促进节水服务产业发展的意见》。

续　表

主要资料描述	起因范畴	知识识别	主范畴	强度属性			空间属性		时间属性	
				新颖性	颠覆性	关键性	依赖性	方向性	强度变化	持续时间
"平时只是从书本上或新闻中知晓我们国家和一些地区相对缺水，一直提倡大家要注重节约用水，并告知在日常生活中如何节约用水。一些组织机构宣传很多的节水知识，如节水标语、节水器具的使用、节水小知识，逐渐形成节水知识体系，不管是在生活中还是在工作学习中，都能利用这些知识去指导自身的行为习实施，养成节约用水的好习惯。""现在有很多关于节水的活动，如水利部定期举办的水知识竞赛、节水创意作品征集活动，这些活动的会接触很多节水、保护水资源、改善水环境的知识，也能了解我国水利管理体系和主要职能，例如规范各种水事活动等等。"	A9	节水知识/管理知识	AA3	+	++	++ +	++	++	+	++ +
"日常生活中，通过不同的渠道了解到很多和水相关知识，比如水的物理化学性质，这些基础知识可以让我们根据水体的气味、颜色等特征识别污水或有害水体，尤其是工厂、企业周边的水源，就能够知道有没有排放未经处理的污水，在制止或采取一些行政手段时有据可循。"	A10	基础知识/环境知识	AA4	+	+	++	+	++	+	++

续 表

起因范畴	知识识别	主范畴	强度属性			空间属性		时间属性		主要资料描述
			新颖性	颠覆性	关键性	依赖性	方向性	强度变化	持续时间	
A11	水与生命	AA4	++ +	++ +	++ +	++ +	++ +	++ +	++ +	"水同氧气一样都是宇宙万物之中最宝贵的东西。一个人数十天不吃饭可勉强生存，可是几天不进水，就会很快死亡。所以水是维持生命不可缺少的物质，水在人体内的分布很广，各组织、器官和体液中都含有水，其中肌肉大约含 76% 的水，皮肤里含 72% 的水，血液里面的水就更多了，含水量要达到 83% 左右，就连坚硬的骨骼也含 22% 的水。水的总量约占人体重的 2/3 "人对水的需要量，随着年龄、体重、气候，环境和劳动强度的不同而有所差异，不能一概而论。正常的成年人每日需水量为 2 000～2 500 mL① "水人权是人权法中的一种，是公民的基本权利之一，能够享受水权所必需的既有供水以及不受干预的权利，也具有利用水供应和水管理系统的权利。"[195]

———

① 摘自：《水与生命》中学生读本。

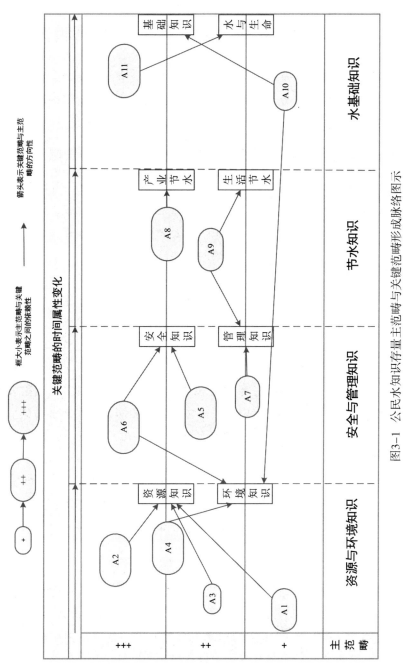

图3-1　公民水知识存量主范畴与关键范畴形成脉络图示

3.3 水知识存量测度指标体系形成逻辑分析

基于上述研究结果以及原始资料的分析，本研究进一步展开主范畴的形成对水知识存量贡献的逻辑分析，明晰水知识存量测度指标所涵盖的知识要点以及组成结构。

3.3.1 资源与环境知识测度指标对水知识存量的贡献

基于访谈资料的梳理，资源与环境知识主要包含水资源分布特点相关知识、水的可持续发展知识、水循环相关知识以及水生态环境知识。对于水知识存量中，资源与环境知识属于外部知识，需要公民不断了解水资源以及外部环境知识，是掌握水的外部知识不可或缺的重要环节。

3.3.1.1 水资源分布与特点相关知识

作为资源的水在地球生物生存中起着至关重要的作用，泉水、冰川、湖泊等水源地为生物生存提供必不可少的水资源，其分布在世界各地，以不同的水资源状态（固态、液态和气态）存在。水资源量最大的是盐量较高的海水，因此在一些干旱区域的海岸会建设海水淡化设施，淡化后的海水可补充内陆短缺的饮用水。各种形式存在的水资源亦是地球景观的重要组成部分，其很大程度上塑造并影响了气候。世界上水资源分布特点各不相同，如我国水资源呈现特点为年内分布集中，年间变化大；总量较多但是人均占有量较少；黄河、淮河、海河、辽河四流域水资源量小，长江、珠江、松花江流域水量大；西北内陆干旱区水量缺少，西南地区水量丰富。对地球水资源分布状况的了解能够明确世界上水资源在各区域的分布状况，尤其是国内的水资源状况，能够让公民了解我国的水资源量相对较少以及淡水资源分布不均匀，知道自己所处的区域是否属于缺水区域，以影响其用水习惯。

世界水资源多以固态形式集中在两极地区，以目前的技术水平还难以利用。而液体形式存在的淡水水体绝大部分也是深层地下水，开采利用的量很小，目前人类能够利用的淡水资源主要是河流水、淡水湖泊以及浅层地下水，储量较为稀少（占总储水的0.3%）。淡水资源的可用量可呈现出我们当前所面临的最严峻水问题，只有明确淡水资源的可用量，让公民意识到水资源的紧缺性，才能促使其节约用水。

3.3.1.2 水的可持续发展知识

可持续发展的概念于 1987 年在世界环境与发展委员会的报告中指出：环境与发展将"共同的未来"称为"在不损害子孙后代满足其自身需求的能力的情况下满足人们需求的发展"。水资源利用包含在各种形式资源的开发中，对实现社会经济发展、能源和粮食生产、健康的生态环境和人类生存的可持续发展至关重要。合理管理水资源和合理开发利用有限的水资源是水的可持续发展基本做法。

水是一种用于生产生活的基础资源，水的可持续发展分别涉及社会、经济与环境等三个层面。在社会层面，对改进水资源管理和服务设施进行的投资可以减少贫困、促进经济持续发展，改善后的水资源管理和卫生服务可带来诸多益处，诸如维护公民健康、降低医疗支出、提高生产力以及节省时间；在经济层面，不同领域用水需求的相互竞争使水资源供需分配困难，造成相关领域发展受到限制，尤其是食物和能源生产领域。对用水的竞争性需求加剧了爆发局部冲突风险和人们获取服务时所产生的持续不平等，从而对地方经济发展带来巨大冲击；在环境层面，对水资源的过度使用通常是由因谋求经济增长而对资源使用的监管不力，且缺乏相应控制的滞后管理模式所造成的。

3.3.1.3 水循环知识

水循环的相关知识是了解水如何在自然环境中不断循环使用，为生物的活动提供生命的源泉。水循环的方式有很多种，人们需要了解水循环的形成以及不同的水循环方式，例如蒸发、降雨、升华、冷凝、降水、渗透、地表径流等等，这对于水资源的可持续利用具有重要意义。水循环的影响因素主要有自然因素和人为因素。自然因素方面，全球水文平衡因气候条件（如大气环流、降雨量、温度等）而异，也根据不同地区的地理条件（如地形、地质、土壤、植被等）有所差异。人为因素方面，人类活动不断地改变自然，很大程度地影响了水循环，例如构筑水库、开凿运河以及大量不合理地开发利用地下水，改变了原来的径流路线，引起了水的运动变化。水循环是地球上最重要的物质循环之一，它实现了地球系统水量、能量和地球生物化学物质的迁移和转换，构成了全球性的连续有序的动态大系统。水循环联系着海陆两大系统，塑造着地表形态，制约着地球生态环境的平衡和协调，不断提供再生的淡水资源。因此，水循环对于地球表层结构的演变和人类可持续发展都意义重大，对水循环知识的掌握也成为水资源循环利用的重中之重。

3.3.1.4 水生态环境知识

自 1900 年以来，由于人类活动，世界上大约 64％到 71％的天然湿地已经消失，生态系统退化是区域发展面临持续挑战的主要原因，在协调社会经济稳定发展和水资源高效利用的同时，必须将水生态环境保护纳入区域协调发展的进程。因此，水生态环境知识的重要性不言而喻，水生态环境知识主要包括水污染相关知识、水环境容量知识等。

水生态环境的破坏主要源于农业污染、工业污染以及生活污水。农业污染源于化肥（富含磷酸盐、硝酸盐等）、农药（杀虫剂、除草剂等）以及河道和土壤中生活粪便的流入。农业污染物在河流、湖泊和海洋中的排放加剧了富营养化现象，尤其是杀虫剂和化肥的使用对水生态环境产生了严重的威胁，由于其较难生物降解，易沉积并集中在水体中，破坏了水生态环境。因此，农业生产者需要关注和掌握合理使用相关产品的知识以减少污染物的排放；工业污染源于工业加工过程中排放的有毒和不可生物降解的物质，也可能源于生产过程中废水的排放。这些物质或未经处理的废水内含有大量固体溶解物质，易对水生态环境造成污染，工业生产者需要注重对废水的处理，了解相关排放标准，只有满足排放标准的废水才可排放到生态环境中；生活用水污染是由排放含有有机物质等的生活污水造成的。这些污染物通常会流入浅表河流，并有可能到达含水层，公民在日常生活中要知晓只有通过净化系统处理过后，才能排放到河流或海洋中。

当水体受到污染时，其在一定环境容量范围内能够自我净化，使水体恢复到原来的质量和纯度，但并非对所有类型的污染物都有效。在某些情况下，需要人为干预来清洁被污染的水源，通过提取、净化后才能返回地下水、河流或湖泊。如果人类活动继续对赖以生存的水资源进行不受控制和不可持续的开发，不节制地排放污染物，一旦超出水环境容量的上限，将永久地危害水体的自净能力。目前，人类越来越重视调节水循环的机制，这些机制能够一定程度地保持河流、湖泊、海洋和海洋的水质。因此，公民必须要知道在何处、如何进行干预以及相关标准，减少污染物排放以维持水体的自净能力，保护水生态环境，持续性地维护水资源循环利用。

3.3.2 安全与管理知识测度指标对水知识存量的贡献

3.3.2.1 水安全知识

在联合国教科文组织国际水文计划（IHP）的战略计划框架内，水安全被定义为人们在保证可持续发展的能力所获得足够数量的可接受的优质水，用以维持生计、人类福祉以及社会经济发展，在和平和政治稳定中保护生态系统，以防止水源性污染和与水有关的污染灾害[196]。水安全是一个循环，在地方、国家、区域和全球范围内包含多个相互关联和相互依存的部门或维度（水文、地理、经济、环境、社会、政治、法律、金融等）。水安全反映了可以或已经采取的行动，确保可持续的水资源利用、可靠的供水服务、管理方式以及减轻与水有关的风险。

水安全被认为是可持续发展的必要条件之一，水安全能够促进环境保护，并解决水资源管理不善等问题，保障区域人民的生活质量。水安全知识涉及个人的安全，每个公民都需要了解一定的水安全预防知识，如防汛抗旱知识，水利部官方网站设定的水知识专栏中关于水旱灾害防御的知识包括四个部分。第一部分主要是自古以来的治水典故、历史重大水旱灾害、水文化传承；第二部分是我国江河水系主要分布以及水旱灾害规律和特点；第三部分是防汛抗旱减灾工作方针政策、灾害防御组织体系、工程体系、防御技术、法律法规等；第四部分为不同类别灾害防灾避险常识、险情处理、自救常识等。对于水安全另一层面的关注是公民如何识别不安全的水质，环境恶化、水资源污染以及淡水资源的可利用量减少都会对人类安全构成严重的威胁。不管是灌溉用水还是生活用水，使用不干净的水都会对粮食生产、人类健康产生威胁，因此安全知识是水知识存量中最重要的安全保障知识。

3.3.2.2 水管理知识

在缺水日益严重、不可预测性加剧、水质和水生态系统不断恶化以及干旱和洪水更加频繁的背景下，需要采用更加综合和长期的水资源管理和开发解决方案。水资源管理是规划、开发和管理水资源的过程，涉及所有用水的水量和水质。水资源管理的主要目的是支持和指导水资源管理的机构、基础设施、激励措施和信息系统，通过确保有足够质量的水用于饮用和卫生服务、粮食生产、能源生产、内陆水运输和水上娱乐，以及维持依赖水的健康生态系统，保护湖泊、河流和河口的审美和精神价值。水资源管理还需要管理与水有关的风险，包括洪水、干旱和污染。

为了在需求不断增加、水资源短缺、更多的不确定性、极端情况等更加严重和碎片化挑战的背景下加强水安全，需要更加专注于制度强化、信息管理和基础设施发展，也需要法律和监管框架、水价和激励措施等制度工具来更好地分配、监管和保护水资源。水管理干预措施被视为具有许多权衡的微妙平衡行为，特别是在水资源紧张的流域，随着水资源管理知识的增加，水资源紧张的环境对可持续发展具有更重要的发展意义。更好地了解和理解水资源管理问题是可持续水资源管理的先决条件，这些知识或信息有助于决策者和水资源管理者建立对水资源政策和可持续实践的信任和支持，提高对水政策的认识和理解，以及改善公民对水管理决策过程的参与。对于水资源管理知识宣传活动的关键信息应侧重于水资源保护，也应侧重于生态系统保护和水资源综合管理。

3.3.2.3　水的商品属性相关知识

水的商品化是指将水，尤其是淡水，从公共物品转变为可交易商品（也称为经济物品）的过程。将水引入商品属性的市场，将其作为一种资源得到更有效的管理。水既是私人物品，也是公共物品。当水被用于家庭、工厂或农场时，属于私人物品。当水留在原地时，无论是航海，还是人们赏景休闲，或是作为水生栖息地，它都发挥着公共产品的作用。

水的商品属性知识中最重要的是水价，即供水单位通过管道网络提供给其客户所收取的费用，是反映水资源稀缺价值的重要而有效的机制。水的定价不仅是为了收回其供应和生产的全部成本，而且还包括从非常规来源（特别是新生水和淡化水）生产水的更高成本。需要强调的是，大多数用户为水支付的价格充其量反映了它的供应成本，主要包括水处理、水库运营、新生水生产、海水淡化、废水收集和处理以及输水管道网络的维护和扩建成本。对水的商品属性要知道的另一点是水权，主要指用户在使用水源地（河流、溪流、池塘或地下水源）的水时所赋予的一种权利，作为支持基本人类需求（如饮水或灌溉）的要素。水权制度就是通过明晰水权，建立对水资源所有、使用、收益和处置的权利，形成一种与市场经济体制相适应的水资源权属管理制度。水权制度体系由水资源所有制度、水资源使用制度和水权转让制度组成。公民对水的商品属性有所了解，可以让公民知晓水的价值以及自身的用水权利，促使其合理使用并积极保护水资源。

3.3.3　节水知识测度指标对水知识存量的贡献

3.3.3.1　产业节水知识

产业节水知识主要包括农业产业和工业产业的节水知识，基本知识点为通过具体的节水尝试让公民了解到在用水过程中有效结合自身知识储备，合理用水，促进节约。

农业产业的用水是将水从取水点输送到田地，此时需要注意是否存在管道泄漏，导致用于灌溉目的的大部分水没有到达农作物，造成浪费。重新利用废水是农业灌溉另一节水有效途径，废水可为农作物提供农业生产所需的氮及部分磷和钾，而且减少了对地表水和地下水的抽取。目前，从以高损失为特征的方法向最大使用效率的系统转变是农业节水的主要节水策略，要确保以正确且合理的方式使用灌溉用水，采取有效的预防措施以提升灌溉效率。

工业节水除了针对各类行业的具体技术措施外，主要的节水措施是对冷却水的重复使用；回收利用工业废水，建立工业用水的封闭循环系统；循环用水；革新工艺并采用新的技术；用次水代替好水和废水的交换使用；还可采用水质较差的浅层地下水代替优质深层地下水用于工业冷却和建筑施工用水等等。公民掌握一定的工业节水知识后，在生产过程中可有效节约大量的水资源，有效促进水资源的可持续利用，同时也可节约大量的成本。

3.3.3.2　生活节水知识

随着生活用水的占比逐渐提升，生活节水越来越重要。对于家庭而言，养成节约用水的生活习惯和使用节水电器成为实现家庭节水的2大主要途径。目前，家庭节水主要存在的问题一是节水意识不强，没有良好的节水习惯；二是用水器具落后，没有使用节水能效高的电器；三是不知道使用节水器。提倡广大家庭用户采用节水器进行节水管理，甚至考虑更换成节水马桶、节水水龙头、节水洗衣机等节水器具。在此基础上，我们再积极改变自己的行为习惯，注意使用节水小窍门，节水效果会事半功倍。相关研究表明，公民只要注意改掉不良的用水习惯，就能节约70%左右的家庭用水，可以大大缓解迫在眉睫的水短缺问题。

在生活节水中，主要需要掌握的知识点就是节水管理知识和一些基本的节约用水做法，如使用节水装置，例如节水花洒/水龙头、洗衣机和双冲马桶水箱，并注意节水标签；用淋浴代替浴缸，缩短淋浴时间；在水龙头中安装流量控制器；刷牙、洗手使用香皂时及时关掉水龙头，间断性放水；用洗米水、煮面汤、过夜茶清洗碗筷或浇花；清洗蔬菜时，不要在水龙头下直接进行清洗，尽量放入到盛水容器中；集中清洗衣服，减少洗衣次数等等。这些知识点构成了生活节水的小常识，掌握了生活节水基本知识，才能在生活中做到有效节约用水，为水资源的可持续利用贡献个人力量。

3.3.4 水基础知识测度指标对水知识存量的贡献

3.3.4.1 水的主要性质

水的基本性质是我们了解水对人类的重要性的关键，水是一种特殊的自然资源。在地表、外界或人体内，水可以溶解和携带大量物质，可以作为载体输送物质。水具有很多的性质，如水的酸碱度、水的物理性质、水的比热容等。此外，水通常以液态存在，只需要达到一定的温度很容易变成固态或气态，公民需要了解水的三态变化以及一些基本性质，这是公民了解水的基础，也是水资源与环境知识、水安全与管理知识的基础。

水硬度是评价水质的一个重要标准，对于饮用水以及工业用水有着很重要的影响。为改善水质以及进行相关水净化相关处理，需要对水中钙、镁离子等微量元素进行测定，判断出水质的好坏，看是否需要进一步处理后才能饮用。水中的微量元素超标不仅会影响到水的质量，还会影响到人们生产以及生活的安全。在科技快速发展的今天，公民了解更多的检测技术并加以应用，能够提高水质量检测的准确性，也能保障水质的安全以及使用质量。

3.3.4.2 水与生命的相关知识

水是人体正常代谢所必需的物质，正常情况下身体每天要通过皮肤、内脏、肺以及肾脏排出 1.5 L 左右的水，以保证毒素从体内排出。水占人体质量的 $60\%\sim75\%$。仅损失 4% 的全身水分就会导致脱水，损失 15% 则可能是致命的。水在机体内有许多重要功能：水是细胞原生质的重要组分；水在体内起溶媒作用，溶解多种电解质；水在体内起运输作用，可以传递营养物质、代谢废物和内分泌物质（如激素）等；水有较高热导性和比热，可作为"载热体"在体内和皮肤表面间传递热量，有助于人体调节体温。水溶解各种分子的特征被赋予"万能溶剂"的称号，正是这种能力使水成为一种宝贵的维持生命的力量。

在生物学层面上，水作为溶剂的作用有助于细胞运输和使用氧气或营养物质等物质。水也具有重要的结构作用，从视觉上看，水会填充细胞以帮助保持形状和结构，细胞内的水会产生抵抗外力的压力，即使是一些不需要水也能保持细胞结构的植物，仍然需要水才能生存。水对所有生命都至关重要，其多功能性和适应性有助于执行重要的化学反应，而简单的分子结构有助于保持细胞内部成分和外膜的重要形状。水是生命中不可或缺的物质，公民了解水与生命的相关知识，能够更加认识到水的重要性和不可替代性，以更好地应对水资源问题。

3.4 水知识存量测度指标体系汇总

水知识在水素养提升过程中处于基础性的地位，是公民正确理解人与自然、了解水环境、为美丽中国、为生态文明承担责任与使命的基础。如果不普及水相关知识就去谈水资源问题，将显得心有余而力不足。水知识不仅仅局限于提供给公民个体以客观知识，更重要的是要传播一种价值知识，这种价值知识更多的是对水生态环境、对大自然的一种价值判断和心灵敬畏，进而上升到道德领域，形成水环境伦理观念，养成生态人格的标准。公民对水知识以及水伦理规范的理解构成了公民对水相关行为是否合乎保护水资源规范的判断标准。因此，公民的水知识以及水伦理认知培养了公民的水态度，指导着公民的水行为，是水素养提升与养成的重要基础。

本研究将概念化的语句作为基本单元，以基于基础测度指标形成的关键范畴为分析单元，从研究问题出发，每一个关键范畴的内容都可进行扩散，从而影响到其他公民，推动其接受或学习水知识，进而提升公民的水知识存量水平。研究最终形成了如表 3-7 所示的水知识存量测度指标体系。从所有资料来看，所有关键范畴反映出公民在各方面应具备的基本准则，范畴之间的逻辑分析帮助本研究解构在什么样的范畴影响下，使得公民能够在强化对水的认识过程中不断提升自身的知识水平。本书基于识别的 4 个主范畴，结合关键范畴链和范畴属性的量化结果，剖析范畴之间的逻辑关联，发现不同水知识测度指标对水知识存量的贡献。

表 3-7 水知识存量测度指标体系

一级指标	二级指标	三级指标	基础测度指标
水知识存量	AA1 水资源与环境知识	A1 水资源分布与特点相关知识	a6 了解地球上水的分布状况（如地球总面积中陆地面积和海洋面积的百分比）；了解地球上主要的海洋和江河湖泊相关知识
			a14 了解人工湿地的作用和类型
			a33 了解中国的水分布特点以及重要水系、雪山、冰川、湿地、河流和湖泊等
		A2 水的可持续发展	a2 知道水是生命之源、生态之基和生产之要，既要满足当代人的需求，又不损害后代人满足其需求的能力
			a15 了解人类活动给生态环境带来的正面或负面影响，懂得应该合理开发荒山荒坡、合理利用草场、林场资源、防止过度放牧
			a21 知道合理开发利用水资源、充分利用水能、解决能源短缺的重要途径
			a41 知道如何回收并利用雨水
			a43 知道水是人类赖以生存和发展的基础性和战略性自然资源，解决人水矛盾主要是通过调整人类的行为来实现
		A3 水循环相关知识	a12 了解人工增雨相关知识
			a13 知道在水循环过程中，水的时空分布不均造成洪涝、干旱等灾害
			a16 自然界中的水在太阳能和重力作用下形成水循环的重要方式（如蒸腾、降水、径流等）
			a31 知道中水回用是水资源循环利用的重要方式

续　表

一级指标	二级指标	三级指标	基础测度指标
水知识存量	AA1 水资源与环境知识	A4 水生态环境知识	a18 了解水环境检测、治理及保护措施
			a19 水环境容量的相关知识，知道水体容纳废物和自净能力有限
			a26 了解水污染的类型，污染来源与污染的种类，以及控制水污染的主要技术手段
			a27 知道过量开采地下水会造成地面沉降、地下水位降低，沿海地区海水倒灌等现象
			a30 知道水生态环境的内部要素是相互依存的，同时与经济社会等其他外部因素也是相互关联的
			a34 知道污水必须经过适当处理达标后才能排入水体
			a38 知道环保部门的官方举报电话 12369
			a39 知道节约用水可以保护水资源，减少污水排放，有益于保护环境
			a42 对水是不可再生水资源的认知（水生态系统一旦被破坏很难恢复、恢复被破坏或退化的水生态系统成本高、难度大、周期长）
水知识存量	AA2 水安全与管理知识	A5 水安全知识	a1 洪灾、旱灾发生时应对措施
			a4 了解当地防洪、防旱基础设施概况以及当地雨洪特点
			a8 了解国内外重大水污染事件及其影响
			a28 知道饮用受污染的水会对人体造成危害，会导致消化系统病、传染病、皮肤病等，甚至导致死亡
			a37 知道使用深层的存压水，高氟水会危害健康

一级指标	二级指标	三级指标	基础测度指标
水知识存量	AA2 水安全与管理知识	A6 水管理知识	a3 了解当地个人生活用水定额并自觉控制用水量
			a5 了解地表水和污水监测技术规范、治理情况
			a10 实施河长制的目的（保护水资源、防治水污染、改善水环境、修复水生态的河湖管理保护机制，是维护河湖健康生命、实现河湖功能水续利用的重要制度保障）
			a22 中国水利管理组织体系的职责和作用
			a25 了解国家按照"谁污染、谁补偿""谁保护、谁受益"的原则建立的水环境生态补偿政策体系
		A7 水的商品属性相关知识	a20 了解水价在水资源配置、水需求调节等方面的作用
			a23 了解水权制度。知道水资源属于国家所有，单位和个人可以依法依规使用和处置。须由水行政主管部门颁发取水许可证并向国家缴纳水资源费（税）
			a29 知道"阶梯水价"将水价分为两段或者多段，在每一分段内单位水量分段而增加保持不变，但是单位水价会随着耗水量分段而增加
	AA3 节水知识	A8 产业节水知识	a7 了解工业节水的重要意义、知道工业生产节水的标准和相关措施
			a11 农业灌溉系统、农业节水技术相关知识
		A9 生活节水知识	a9 了解合同节水及相关节水管理（如洗漱节水、洗衣节水等生活节水）知识
			a40 知道节约用水要从自身做起，从点滴做起
	AA4 基础知识	A10 水的主要性质	a17 了解水的物理知识，如水的冰点与沸点、三态转化、颜色气味、硬度等
			a32 了解水的化学知识，如水的化学成分和化学式等

续　表

一级指标	二级指标	三级指标	基础测度指标
水知识存量	AA4 水基础知识	A11 水与生命的相关知识	a24 了解水人权概念，知道安全的清洁饮用水和卫生设施是一项基本人权，国家要在水资源分配和利用中优先考虑个人的使用需求
			a35 掌握科学的饮水知识（如不喝生水，最好喝温开水，成人每天需要喝水 1 500～2 500 mL）
			a36 了解水对生命体的影响

3.5　本章小结

本章主要提出了扎根-系统方法这一新质性研究方法，并采用该方法对公民水知识存量的测度指标进行探索性研究，通过对一手访谈资料和二手已出版的资料进行分析整理，共整理得到水资源与环境知识、水安全与管理知识、节水知识和水基础知识等4个二级指标，水资源分布与特点相关知识、水的可持续发展等10个三级指标，以及了解地球上水的分布状况（如地球总面积中陆地面积和海洋面积的百分比）；了解地球上主要的海洋和江河湖泊相关知识等110个基础测度指标。基于此，构建了关键范畴链以及范畴的属性测度，通过反向追溯访谈资料构建主要范畴链，对关键范畴进行系统描述，根据关键范畴的强度与空间属性量表，对关键范畴之间的影响路径和程度进行深入分析，构建了公民水知识存量测度模型，挖掘出关键范畴的形成脉络。本研究对水知识存量测度指标体系形成逻辑进行了分析，主要包括资源与环境知识等4个主范畴对水知识存量的贡献，对水知识存量测度指标进行了详细的阐述，为后续的水知识存量测度指标评估奠定了理论基础。

4 基于多分级项目反应理论的水知识 存量测度指标优化

公民水知识存量测度指标应具备较强的辨识性，并包含不同难度系数的测试项。为更精确地测度知识存量，本研究在经典测量理论制定量表的基础上采用项目反应理论模型这一心理学方法进一步优化。通过多分级项目反应理论模型对水知识存量基础测度指标进行评估和筛选，观察对比可视的和预期的模型拟合结果，明确测度指标的普适性，整理出一套测量水知识存量的量表，进而测量不同能力水平的受调查者。

4.1 多分级项目反应理论方法

项目反应理论（item response theory，IRT）已被广泛用于教育发展评估和规模化量表设计框架。IRT 之所以被广泛应用缘于其在解决实际测试问题时的众多优势，如关注易测试量表的每一项目并建立项目之间的联系、评估测试对象的潜在特征水平、评估系统优化测试结果的效率以及耦合评估程序对与项目反应有关的认知属性。目前针对项目反应理论的研究主要是二分项和多分项，而 IRF 的常用模型有很多种，如 logistic 模型、Rasch 模型（测量潜在特质的概率模型）、分级响应模型（graded response model，GRM）模型、单参数模型（难度）、双参数模型（难度、区分度）和三参数模型（难度、区分度、猜测参数）等等。本部分主要对项目反应理论模型构建的原则和相关术语进行概述，并总结了项目参数估计的方法原理，为后续的模型构建奠定基础。

4.1.1 项目反应理论概述

4.1.1.1 基础理论模型

早期的 IRT 发展都集中在二分级评分项[197]，对于由一系列项目组成的评估研究，每个项目都被分为特定的反应类别（category，量表的计分等级或选项），被用于评估受调查者的特征水平。在教育评估中，最常见的目标特征是特定的知识、技能和能力，评估的第 i 个项目的评分结果为 Y_i，基于二分项理论前提，Y_i 的结果表示为 $Y_i = 0$（表示错误）和 $Y_i = 1$（表示正确）。IRT

的核心是为每一个项目的每一种结果建立一个特殊的模型，并将可视的结果概率指定为目标特征的函数。对于二分项，Y_i（0 和 1）有两种可能的结果，则生成相对应的两个目标函数模型，即指定 $Y_i = 0$ 的概率模型和指定 $Y_i = 1$ 的概率模型，两个模型所展示的函数称为项目反应函数（item response function, IRF）。该函数用于二分项的可视化，如图 4-1 所示，横轴表示目标特征的连续性，纵轴表示观察结果 Y_i 的概率。$Y_i = 0$ 的 IRT 在低水平目标特征时接近统一，而在高水平的目标特征是趋于零。$Y_i = 1$ 的 IRF 表现的结果相反，在低水平时目标特征接近于零，在高水平目标特征时接近于统一。

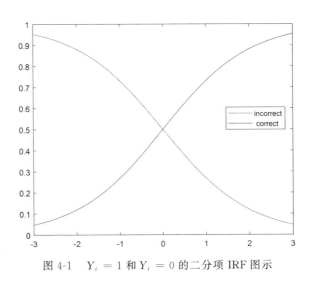

图 4-1 $Y_i = 1$ 和 $Y_i = 0$ 的二分项 IRF 图示

二分项的参数 IRT 方法是用一个方程来指定 $Y_i = 0$ 和 $Y_i = 1$ 的 IRF。在二分项中，最常用的方程为 logistic 方程，图 4-1 中"S"型曲线即是方程的图示。在此以 Rasch 模型为例进行概述，该模型是 Rasch 在 1960 年[198] 提出的，其指定了 $Y_i = 1$ 时的 IRF：

$$P_{i1}(\theta) = \frac{\exp(\theta - b_i)}{1 + \exp(\theta - b_i)} \tag{4.1}$$

其中，θ 表示目标特征（target trait），$P_{i1}(\theta)$ 表示该函数特定的 θ 值对于项目 i 取得 $Y_i = 1$ 结果的概率，b_i 表示项目 i 的难度参数，b_i 的值决定 $Y_i = 1$ 时 IRF 曲线的水平位置（b_i 的值增大，IRF 右移，项目难度增大）；当 $P_{i1}(\theta) = 0.5$ 时，b_i 对应 θ 的值且 $\theta = b_i = 0$，此时 $Y_i = 1$ 的 IRF 遵循 $b_i = 0$ 的 Rasch 模型。相应地，$Y_i = 0$ 也存在对应的 IRF，在二分项中，对于任意的 θ 有 $P_{i1}(\theta) +$

$P_{i0}(\theta)=1$，由此可知 $Y_i=0$ 时 Rasch 模型的 IRF 为

$$P_{i0}(\theta)=1-\frac{\exp(\theta-b_i)}{1+\exp(\theta-b_i)}=\frac{1}{1+\exp(\theta-b_i)} \tag{4.2}$$

Rasch 模型使用单参数，式（4.2）中的参数与式（4.1）中相同，图 4-1 中当 $b_i=0$ 时，两种结果曲线相交，即目标特征 θ 在此难度情况下，正确与错误的概率相同。

对于二分项的 IRF，$Y_i=0$ 与 $Y_i=1$ 时的图示显示完全相反，即是一种镜像，因此在采用二分项 IRF 时仅展示 $Y_i=1$ 的图示曲线，防止不必要的冗余。如图 4-2 所示，为 $Y_i=1$ 的三种不同假设项目 IRF 的 Rasch 模型，其中 $b_1=-1$，$b_2=0$，$b_3=1$。随着 b_i 值的增加，IRF 向右移动，表示随着难度参数的增加，同一目标特征获得正确结果的概率逐渐降低，相同地，在获得同一正确概率时，随着难度参数的增加，对项目特征的能力要求起来越高。

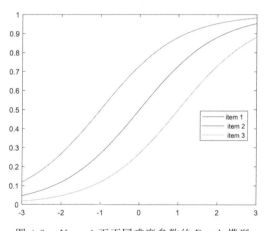

图 4-2　$Y_i=1$ 下不同难度参数的 Rasch 模型

上述的 Rasch 模型仅仅包含一个项目参数，更灵活的模型是 2PL 模型[197]（two-parameter logistic model），$Y_i=1$ 时的 IRF：

$$P_{i1}(\theta)=\frac{\exp[a_i(\theta-b_i)]}{1+\exp[a_i(\theta-b_i)]} \tag{4.3}$$

2PL 相对于 Rasch 模型增加了一个区分度参数，在图示中增加了其陡度，随着 a_i 的增加，IRF 的陡度增加，该参数能够更好地区分在连续目标特征范围下不同的个体，图 4-3 显示了 $Y_i=1$ 的 IRF，其中 $a_1=0.5$，$a_2=1.2$，$a_3=2.5$。与图 4-2 相比，Rasch 模型具有一个相同的陡度，此时默认 a_i 的值为 1，对于

2PL 模型而言，区分度参数发生了变化。

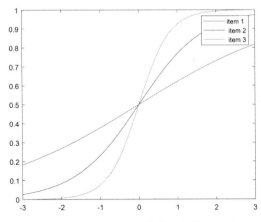

图 4-3　$Y_i = 1$ 下不同区分度参数的 2PL 模型

4.1.1.2　多分级项目反应理论模型

与二分项类似，多分项的 IRT 对于每个 Y_i 具有唯一的 IRF，但区别是 Y_i 具有三种以上项目，因此每个项目也具有两个以上的 IRF。当一个评分类别有三个等级，且评分类别相对于目标特征按照升序排列时，评分等级分别记为：$Y_i = 0$，1，2，随着数值的增加，其成功的程度越高，如图 4-4 所示。

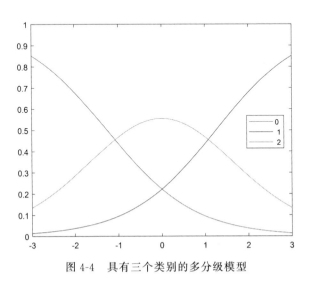

图 4-4　具有三个类别的多分级模型

$Y_i = 0$（最低分数类别）的 IRF 在目标特征水平较低时较高，并随着目标特征的增加而降低至趋于零，这表明观察到目标特征低的个体得分为 0 的可能性很大，并且该机会随着目标特征水平的增加而降低。相反地，$Y_i = 2$ 的 IRF（最高分类别）在目标特征水平低时趋于零，在目标特征水平高时趋于 1。$Y_i = 1$ 的 IRF 在目标特征的最低和最高水平上均趋于 0，在目标特征中等水平上具有最大的可能性。在目标特征的任何特定值下，三个 IRF 的（高度）概率之和等于 1，可表示为 $P_{i0}(\theta) + P_{i1}(\theta) + P_{i2}(\theta) = 1$。图 4-3 所示的多级 IRF 仅代表了多种形式中的一种，不同的多级项目具有不同的 IRF 和图示形状，多分级的特殊形式也决定了项目的难度参数和区分度。因此，在明确多级项目测量量表的难度时需要全面考虑所有 IRF 的位置，即多个难度参数 b_i。

项目的难度参数对应于目标特征值，项目的评分结果提供了受访者目标特征的最大信息。一般而言，在相邻的 IRF 的交点是目标特征生成的最大信息处，该点表示个体从较低的结果过渡到更高的结果，因此项目反应理论能够清楚地区分特征连续不同范围内的个体。多分项有多个交点，项目难度涉及每对相邻结果的交点位置，对于图 4-4 中，三个项目反应函数在目标特征值 $\theta = -1$ 和 $\theta = 1$ 有两个交点，难度参数范围大约从 $\theta = -1$ 到 $\theta = 1$，因此以 $\theta = 0$ 为中心，该项目被视为中等难度。综上，在概念化多分项目的项目难度参数式中，必须考虑目标特征连续范围内出现的多个交点。

图 4-5 显示的多分级模型具有四个分类，相对于三分类的模型更复杂，也

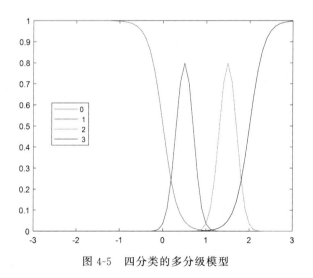

图 4-5　四分类的多分级模型

展示出了更高的难度参数，项目反应函数相邻的交点出现在中等至高等目标特征范围内，即 $\theta=0$、$\theta=1$、$\theta=2$ 的目标特征值处，此结果可区分具有中高等价值的目标特征。与二分项相似，多分项 IRF 的陡峭程度表明了该项目的区分度，如图 4-5 中所示项目的 IRF 比图 4-4 更陡，表示其所示项目的区分程度更高，多分级的 IRF 陡度是通过一个或多个区分度参数 a_i 来描述的，类似于二分级的 Rasch 模型和 2PL 模型。

4.1.2　项目难度和项目区分的语言术语

在目前项目反应理论的介绍中，目标是可以直观地了解项目特征曲线及其特性。与此目标保持一致，项目难度和项目区分将使用语言来定义。项目难度将具有以下级别[199]：

（1）很容易；

（2）简单；

（3）中等；

（4）难；

（5）很难。

项目区分度则有以下等级：

（1）没有；

（2）低；

（3）缓和；

（4）高；

（5）完美。

4.1.3　最大似然估计基本原理

最大似然估计常用来估计未知的非随机参量，基于构建的多元 logistic 回归模型，使得似然函数的最大值作为估计量，本部分参考 Czepiel 的文章整理所得[200]。首先需要明确离散变量的因变量数量，用 J 表示，其中 $J \geqslant 2$，随机变量 $Z \in J$。如果每个观测变量是随机的，则每个 Z_i 都是一个多项式随机变量。将数据聚集到一个总体样本中，其代表一个独立变量设置的独特组合，列向量 $\boldsymbol{n}$ 包含元素 n_i，代表总体 i 中的观测值，从而可得总样本量为：$M = \sum_{i=1}^{N} n_i$。

假设 $\boldsymbol{y}$ 是一个 N 行和 $J-1$ 列的矩阵，y_{ij} 代表 Z_i 的第 j 个观测值，$\boldsymbol{\pi}$ 是与

y 具有相同维度的矩阵，π_{ij} 的每一个元素表示在第 i 个总体中第 j 个因变量观测值的概率。自变量 $\boldsymbol{X}$ 的设计矩阵为 N 行和 $K+1$ 列，K 是自变量的个数，每一行的第一个元素 $x_{i0}=1$ 即为截距；另 $\boldsymbol{\beta}$ 为 $K+1$ 行和 $J-1$ 列的矩阵，β_{kj} 为第 k 个协变量相对于第 j 个因变量的参数估计。对于多元 logistic 回归模型，将线性分量等同于第 j 个观测值与第 J 个观测值概率比值的对数。

$$\log\left(\frac{\pi_{ij}}{\pi_{iJ}}\right) = \log\left(\frac{\pi_{ij}}{1-\sum_{j=1}^{J-1}\pi_{ij}}\right) = \sum_{k=0}^{K} x_{ik}\beta_{kj}, \ i=1,2,\cdots,N; \ j=1,2,\cdots,$$

$$J-1 \tag{4.4}$$

求解 π_{ij} 和 π_{iJ}，可得：

$$\begin{cases} \pi_{ij} = \dfrac{e^{\sum_{k=0}^{K} x_{ik}\beta_{kj}}}{1+\sum_{j=1}^{J-1} e^{\sum_{k=0}^{K} x_{ik}\beta_{kj}}}, & j<J \\[4mm] \pi_{iJ} = \dfrac{1}{1+\sum_{j=1}^{J-1} e^{\sum_{k=0}^{K} x_{ik}\beta_{kj}}} \end{cases} \tag{4.5}$$

对于每个总体，因变量服从 J 水平的多元分布，则联合概率密度函数为：

$$f(\boldsymbol{y}\mid\boldsymbol{\beta}) = \prod_{i=1}^{N}\left(\frac{n_i!}{\prod_{j=1}^{J} y_{ij}!} \cdot \prod_{j=1}^{J} \pi_{ij}^{y_{ij}}\right) \tag{4.6}$$

不包含任何 π_{ij} 项的阶乘项可以被当作常数，多项式 logistic 回归模型的对数似然核函数为

$$L(\boldsymbol{\beta}\mid\boldsymbol{y}) \cong \prod_{i=1}^{N}\prod_{j=1}^{J} \pi_{ij}^{y_{ij}} \tag{4.7}$$

将式（4.7）的第 J 项进行替换，可变形为

$$\begin{aligned} L(\boldsymbol{\beta}\mid\boldsymbol{y}) &\cong \prod_{i=1}^{N}\prod_{j=1}^{J} \pi_{ij}^{y_{ij}} \\ &= \prod_{i=1}^{N}\prod_{j=1}^{J-1} \pi_{ij}^{y_{ij}} \cdot \pi_{iJ}^{n_i-\sum_{j=1}^{J-1} y_{ij}} \\ &= \prod_{i=1}^{N}\prod_{j=1}^{J-1} \pi_{ij}^{y_{ij}} \cdot \frac{\pi_{iJ}^{n_i}}{\pi_{iJ}^{\sum_{j=1}^{J-1} y_{ij}}} \end{aligned}$$

$$= \prod_{i=1}^{N} \prod_{j=1}^{J-1} \pi_{ij}{}^{y_{ij}} \cdot \frac{\pi_{iJ}{}^{n_i}}{\prod_{j=1}^{J-1} \pi_{iJ}{}^{y_{ij}}} \qquad (4.8)$$

根据公式（4.5），将 π_{ij} 和 π_{iJ} 进行替换，可得：

$$\prod_{i=1}^{N} \prod_{j=1}^{J-1} (e^{\sum_{k=0}^{K} x_{ik}\beta_{kj}})^{y_{ij}} \cdot \left(\frac{1}{1 + \sum_{j=1}^{J-1} e^{\sum_{k=0}^{K} x_{ik}\beta_{kj}}} \right)^{n_i}$$

$$= \prod_{i=1}^{N} \prod_{j=1}^{J-1} e^{y_{ij} \sum_{k=0}^{K} x_{ik}\beta_{kj}} \cdot \left(1 + \sum_{j=1}^{J-1} e^{\sum_{k=0}^{K} x_{ik}\beta_{kj}} \right)^{-n_i} \qquad (4.9)$$

对公式（4.9）取自然对数，可得最终的多项式 logistic 回归模型的对数似然函数：

$$l(\boldsymbol{\beta}) = \sum_{i=1}^{N} \sum_{j=1}^{J-1} \left(y_{ij} \sum_{k=0}^{K} x_{ik}\beta_{kj} \right) - n_i \log \left(1 + \sum_{j=1}^{J-1} e^{\sum_{k=0}^{K} x_{ik}\beta_{kj}} \right) \qquad (4.10)$$

4.2 基于 GRM 的水知识存量测度指标优化方法

本研究以测量指标设计李克特量表并获取预调研数据，采用多级项目反应理论，对所有水知识存量测度指标进行评估与优化。本部分主要概述基于 GRM 的水知识存量测度指标优化方法的具体步骤，根据 GRM 的基本要求构建初始模型，基于水知识存量测度指标体系获取的调研数据对模型进行项目参数估计，同时检查模型与数据拟合程度并进一步消除不匹配的项目，形成最终的水知识存量测度指标。

4.2.1 基本思路与方法优势

GRM 是一种处理类似于李克特量表等有序响应数据的优势模型[201]，其一般假设是支持更高响应类别的概率随潜在目标特征单调增加。GRM 的优势之一是可以将逻辑分布（类似于正态分布）分割成与项目反应类别一样多的分段，每个类别一个段，在给定类别中估计下一级或上一级类别的响应概率，以便从本质上估计 k 个类别的 $k-1$ 个响应函数。另外，使用第一步的响应函数和下一个最高类别的第一步响应函数的差异可计算给定类别的实际响应概率。需要说明的是：有 5 个反应类别时，1 和 2 是两个类别，连续体中间代表一个界限，即反应等级，等级＝类别数－1。本研究中的 5 级李克特量表类型的项目需要 4 个等级来分隔 5 个可能的反应类别。

在 j 项上选择类别 k 的概率的 GRM 表达式为[202]

$$P(Y_{i,j} = k \mid \theta, a_j, b_{j,m})$$
$$= P(Y_{i,j} \geqslant k \mid \theta, a_j, b_{j,m}) - P(Y_{i,j} \geqslant k+1 \mid \theta, a_j, b_{j,m})$$

$$(4.11)$$

$$P(Y_{i,j} \geqslant k \mid \theta, a_j, b_{j,m}) = \frac{\exp[a_i(\theta - b_i)]}{1 + \exp[a_i(\theta - b_i)]} \qquad (4.12)$$

其中，类别 $k \in (1, 2, \cdots, m)$，目标特征响应函数 P 反映了受访者对项目 j 的真实水平；$b_{j,k}$ 表示类别难度参数（受 $b_{j,k-1} \leqslant b_{j,k} \leqslant b_{j,k+1}$ 的约束），a_j 表示区分度。如上一节所阐述的基础理论，难度参数对于水知识存量测度量表而言，指标在连续目标特征的位置被解释为个人的水知识存量水平需要多高才能有 50% 的概率认可给定的反应类别。水知识存量的测度量表包含 5 个反应类别，因此将设置 4 个难度参数，该方法的优势在于将难度参数细化，更加能够详细反映出公民的特征水平，难度参数有助于了解指标特征水平和指标特定的响应级别。区分度表示指标区分水知识存量水平高或低选项的程度，若区分度高，则表示该指标的选项提供了个人水知识存量信息的差异；若区分度低，则表示该指标选项无法提供有关个人水知识存量差异的信息，有可能需要调整或删除该指标。

4.2.2　基于边际最大似然估计的指标参数估计

在测试测度指标时，指标参数的实际值是未知的，通过项目反应理论分析量表的可行性时需要进行的重要工作之一是确定项目参数。在项目反应理论中，一个特定的项目特征曲线模型是否适合一个项目的项目反应数据，模型参数的估计至关重要。项目反应理论中项目参数的特征之一是其不依赖于受访者回答项目的能力以及受访者的变化[199]，但这是对于同一总体内不同样本估计相同的被试者或项目。本研究采用边际最大似然估计（marginal maximum likelihood estimation，MMLE）对多级 GRM 模型项目的参数进行估计。

在 MMLE 实际操作过程中，首先预估水知识存量测度指标参数的初始值，如 $b = 0$，$a = 1$，然后利用这些估计值通过指标特征曲线模型的方程计算出每个测度指标反映知识水平的 $P(\theta_g)$ 值。通过对预估的测度指标参数进行调整，使得由参数估计值定义的指标特征曲线与观测值的正确反应比例之间的一致性更好，直至调整至最优的指标参数值时，停止该过程，此时 b 和 a 的值是最终的指标参数。本部分主要参考 Bock 和 Lieberman 提出的基于边际分布的极大似然函数估计方法[203]，具体的计算步骤如下.

首先假设 IRF 属于一般累积分布函数（cumulative distribution function，CDF），假设受访者 i 对指标 j 的反应正确，记 $x_{ij}=1$，有：

$$P(x_{ij}=1 \mid \theta_i)=\psi_j(\theta_i)=\frac{1}{(2\pi)^{1/2}}\int_{-z_j(\theta_i)}^{\infty}\exp\left(-\frac{t^2}{2}\right)\mathrm{d}t \qquad (4.13)$$

$$z_j(\theta_i)=a_j(\theta_i-b_j) \qquad (4.14)$$

其中，a_j 表示斜率，为测度指标参数的区分度；b_j 表示阈值，为测度指标的难度参数；$\psi(\theta_i)$ 为指标反应函数，$z_j(\theta_i)$ 为双参数 GRM 函数式中的一项。为便于计算，引入指标截距参数 c_j，记为：$c_j=-a_jb_j$。在一般假设中，受访者 i 在指标特征为 θ_i 的条件下，按照 $x_i=[x_{i1}，x_{i2}，\cdots，x_{in}]$ 模式做出反应的概率为

$$P(x=x_i \mid \theta_i)=\sum_j^n [\psi_j(\theta_i)]^{x_{ij}}[1-\psi_j(\theta_i)]^{1-x_{ij}} \qquad (4.15)$$

对于从指标特征分布为连续分布密度函数 $\zeta(\theta)$ 的总体中抽样随机受访者，在反应模式 x_i 上的边际概率为

$$P(x=x_i)=\int_{-\infty}^{+\infty}P(x=x_i \mid \theta)\zeta(\theta)\mathrm{d}\theta \qquad (4.16)$$

该概率可以通过基于权重的高斯-厄米特（Gauss-Hermite）数值积分算法来近似估计，即用 $\sum_k^q P(x=x_i \mid X_k)w(X_k)$ 求解，其中 X_k 表示一个数值积点[①]，$w(X_k)$ 为相应的积点权重，q 为积点的个数。将 N 个受访者的随机样本按观察到的指标得分模式记为 $l=1，2，\cdots，s$，且 $s\leqslant\min(N，2^n)$，以反应类别 l 进行回应的人数记为 r_l，记 $N=\sum_l^s r_l$。由于观测到的反应类别计数有效地将每一位受访者分配到 2^n 类别中的一个，因此 r_l 呈多项式分布，总数为 N 且 $P_l=P(x=x_l)$，则对数似然为：$\log L=C+\sum_l^s r_l\log P_l$，$C$ 为常数。取指标特征 θ 的标准正态 $\varphi(\theta)$ 并使用 Gauss-Hermite 数值积分算法，关于指标参数 u_j 的一阶导数似然方程为

$$\frac{\partial \log L}{\partial u_j}\cong\sum_l^s(-1)^{x_{ij}+1}\frac{r_l}{P_l}\sum_k^q\frac{\partial z_j(X_k)}{\partial u_j}\left[\prod_{h\neq j}^n[\psi_h(X_k)]^{x_{lh}}[1-\psi_h(X_k)]^{1-x_{lh}}\right.$$

---

① 概率函数曲线在某个区间内与横轴围成的区域面积的求取需要将此区间分成有限个更小的区间，如果这些区间的间距够小，则区间横轴的中值可作为该区间的代表值，即积点。

$$\varphi_h(X_k)\Big]w(X_k)$$

$$=0 \tag{4.17}$$

$$\overline{P_l} = \sum_k^q \Big[\prod_j^n \big[\psi_h(X_k) \big]^{x_{lh}} \big[1 - \psi_h(X_k) \big]^{1-x_{lh}} \varphi_h(X_k) \Big] w(X_k)$$

$$= \sum_k^q L_l(X_k) w(X_k) \tag{4.18}$$

其中，$L_l(X_k)$ 是 x_l 在给定 $\theta = X_k$ 下的条件概率。假设受访者被分成 G 个同质组且各组之间相互独立，每个组的指标特征为 X_k，则可以通过常规的 Probit 分析分别估计每个指标的截距参数和斜率参数。此时 c_j 和 a_j 的似然方程分别为

$$\begin{cases} \sum_k^q \dfrac{r_{jk} - N_k \psi_j(X_k)}{\psi_j(X_k)\big[1 - \psi_j(X_k)\big]} \varphi_j(X_k) \dfrac{\partial z_j(X_k)}{\partial c_j} = 0 \\[3mm] \sum_k^q \dfrac{r_{jk} - N_k \psi_j(X_k)}{\psi_j(X_k)\big[1 - \psi_j(X_k)\big]} \varphi_j(X_k) \dfrac{\partial z_j(X_k)}{\partial a_j} X_k = 0 \end{cases} \tag{4.19}$$

信息矩阵为

$$\boldsymbol{I} \begin{bmatrix} c_j \\ a_j \end{bmatrix} = N \sum_k^q W_j(X_k) \begin{bmatrix} 1 & X_k \\ X_k & X_k^2 \end{bmatrix} \tag{4.20}$$

其中，$W_j(X_k) = \dfrac{\varphi_j(X_k)}{\psi_j(X_k)\big[1 - \psi_j(X_k)\big]}$，基于公式（4.19）和公式（4.17），方程（4.18）的权重可以表示为

$$\sum_l^s \frac{r_l}{P_l} \sum_k^q \Big[\frac{x_{lj}}{\psi_j(X_k)} - \frac{(1 - x_{lk})}{1 - \psi_j(X_k)} \Big] \varphi_j(X_k) \frac{\partial z_j(X_k)}{\partial u_j} L_l(X_k) w(X_k)$$

$$= \sum_k^q \frac{\dfrac{\sum\limits_l^s r_l x_{lj} L_l(X_K)}{\overline{P_l}} - \Big[\dfrac{\sum\limits_l^s r_l L_l(X_K)}{\overline{P_l}} \Big] \psi_j(X_k)}{\psi_j(X_k)\big[1 - \psi_j(X_k)\big]} \varphi_j(X_k) \frac{\partial z_j(X_k)}{\partial u_j} w(X_k)$$

$$= 0 \tag{4.21}$$

方程（4.21）表示指标 j 的概率分析似然方程，$\overline{r_{jk}} = \sum_l^s r_l x_{lj} L_l(X_K) w(X_K)/$
$\overline{P_l}$ 为给定 x_{lj} 和 $\psi_j(X_k)$ 时处在 k 组的所有受访者对 j 指标不同响应级别的
"期望人数"，所有 k 个水知识水平组的 $\overline{r_{jk}}$ 相加，等于同一响应类别指标 j 的
实际人数；$\overline{N_k} = \sum_l^s r_l L_l(X_K) w(X_K)/ \overline{P_l}$ 为给定 $\psi_j(X_k)$ 时第 k 组水平下的

"期望样本容量"，所有水平组受访者的 $\overline{N_k}$ 相加即为样本总人数 N。在一组不同指标上重复使用方程（4.23）则构成了方程（4.19）的解。通过不断求解和拟合过程，最终确定截距 c_j 和斜率 a_j，获得模型的指标参数。基于指标参数值，利用指标特征曲线方程计算各评分等级正确反应 $P(\theta)$ 的概率，绘制指标特征曲线，所得到的曲线是最适合该指标响应数据的特征曲线。

4.2.3 模型-数据拟合指标特征函数

在项目反应理论中另一个重要的考虑是一个特定的项目特征曲线模型是否适合一个项目的项目反应数据，需要满足正确反应的观测值与计算得到的结果一致。观测值 $p(\theta)$ 和计算值 $P(\theta)$ 的一致性是由所有个体决定的。IRT 中的模型-数据拟合问题主要通过两种方式来解决。模型假设必须与项目反应的维度和过程保持一致；基于估计模型的预测应与观察到的实际响应进行比较，使用统计和图形拟合优度检验[201]。本研究使用卡方拟合优度指数对拟合的测度指标特征函数进行测量，该指数的定义如下：

$$\chi^2 = \sum_{k=1}^{G} r_k \frac{[p(X_k) - P(X_k)]^2}{P(X_k)(1 - P(X_k))} \tag{4.22}$$

其中，G 表示同质组的数量；X_k 是第 k 个受访者的水知识存量水平；r_k 表示具有 X_k 反应水平的受访者人数；$p(X_k)$ 为第 k 组对应 X_k 反应的观测概率，$P(X_k)$ 是由指标参数估计的指标特征曲线模型计算出的 k 组对应 X_k 反映的概率。通过数据的拟合，如果获得的指数值大于一个标准值，则指标参数估计值所指定的指标特征曲线与数据不符。为了便于比较基于不同样本量和包含不同数量参数的模型的卡方，本研究将恒定样本容量为 472 的卡方拟合优度除以自由度作为模型数据拟合的依据，调整后的 $\chi^2/df \leqslant 3$ 被认为是良好的数据拟合模型[201]。本研究同时使用 $S\text{-}\chi^2$ 统计来确定项目是否符合模型，LaHuis 等人在研究中比较了不同的项目拟合统计数据和拟合统计量，$S\text{-}\chi^2$ 统计结果出现错误的概率低于预期[204]。

4.2.4 指标信息函数与标准误差函数

统计学中信息量的概念指的是信息的确定性程度，即信息源提供信息的清晰度、稳定性和一致性。水知识存量指标携带的信息量越大，受调查者对该指标的认识越全面，指标的信息清晰度和稳定性越高，对于公民水知识存量水平测度的结果越接近于实际水平。通过测试的方式了解人们心理特征是非常重要的一种途径，测试题目的清晰度与稳定性会影响公民对指标的认知，因此指标信息函数所展示的结果对于整体的测试真实性至关重要。指标信息函数的测度亦是指标信度的测试，信度较低则表示指标测试所提供的信息不可靠，无法根据指标测验结果消除测试对象的不确定性，导致测试出的水知识存量水平具有较大误差。

基于上述理论，本研究引入信息量的概念，即是指标在评价受访者水平状态时所提供信息的确定性水平，同时把信度和信息量水平定义到单个的测度指标和测试个体上，以不同测度指标对受访者的信息贡献量来评价每位受调查者测量结果是否可信。将受调查者特征水平贡献的信息量大小定义为

$$I_j(\theta) = \frac{1}{\text{var}(\theta_i \mid \theta)} = \frac{[\psi'_j(\theta_i)]^2}{\psi_j(\theta_i)(1 - \psi_j(\theta_i))} \tag{4.23}$$

方程（4.23）也称为指标信息函数，其中 $\psi(\theta_i)$ 为项目 i 的指标反应函数，$\psi'(\theta_i)$ 为指标 i 对于受调查者目标特征 θ 的一阶导数。该方程是在 IRT 框架下单个指标在受调查者水平上所定义的信度概念，对于同一指标不同受调查者所得到的指标信息量是不同的。

测试信息函数就是测验所包含的指标信息函数的累加，即

$$I(\theta) = \sum_{j=1}^{m} I_j(\theta) \tag{4.24}$$

每个指标所提供的信息量大小是受调查者对每个指标反应水平的函数，测试信息函数是受调查者对所有指标反应水平的函数。当受调查者对水知识存量测度指标的反应水平与测试指标的难度值相当时，则提供了最大的信息量。影响指标信息量大小的最关键因素是该指标的区分度指标。区分度值越高，指标所提供的总信息量越大，而指标的难度参数决定了指标最大信息量值出现的位置。另外，测试中每一个指标均独立地为受调查者的反应水平提供信息量，所提供信息量的大小完全受测试指标本身的影响，这也反应了项目反映理论中的项目独立性特征。同时，也能够保证测试信息总量可通过测试所有指标信息量的总和得到。根据测试指标信度与测试标准误差之间的关系，推理得出信息量与测量标准误差之间的关系，即参数估计标准误差，公式如下：

$$\text{SE}(\theta) = \frac{1}{\sqrt{I(\theta)}} \tag{4.25}$$

即将其定义为测试信息函数在水知识存量水平 θ 上的值的平方根倒数，在此基础上建立受调查者水知识水平估计值的置信区间 $\theta \pm z_{a/2}\text{SE}(\theta)$，测量参数估计标准误差表示独立的受调查者水知识存量测度指标反应特征，水平不同的受调查者其估计标准误差和置信区间也不同。

4.3 水知识存量基础测度指标体系优化

根据第3章整理得到的公民水知识存量测度基础指标（见表3-7），设计基于李克特5级量表的调查问卷，每个指标对应问题的反应类别为"完全知道，基本知道，一般，不太知道，完全不知道"五个等级。获取数据并进行描述性统计和探索性因子分析。本部分的研究数据来源于课题组2019年受水利部宣传教育中心委托项目"中国公民水素养现状研究评价"的调查结果中关于"水知识"测度分量表部分。

4.3.1 数据来源与整理

问卷主要通过问卷星以及纸质问卷进行随机调查，如表4-1所示，共包括5项人口统计学特征，以及43个根据基础指标设置的题项。受调查者基于自身对问题的理解以及水知识储备情况进行回答。此次调查共获取问卷613份，剔除无效问卷141份，共获取472份有效问卷。

表4-1　样本人口统计特征描述性统计

统计特征	类别	样本数量	占总样本百分比/%
性别	男	220	46.61
	女	252	53.39
学历	小学及以下	3	0.64
	初中	14	2.97
	高中（含中专、技校等）	30	6.36
	大专及本科	382	80.93
	硕士及以上	43	9.11

续　表

统计特征	类别	样本数量	占总样本百分比/%
年龄	6～17 岁	18	3.81
	18～35 岁	295	62.5
	36～45 岁	107	22.67
	46～65 岁	48	10.17
	65 岁以上	4	0.85
职业	学生	43	9.11
	务农人员	13	2.75
	国家公务及企事业单位人员	352	74.58
	专业技术及科研人员	31	6.57
	自由职业	20	4.24
	其他	13	2.75
居住地	城镇	425	90.04
	农村	47	9.96

在进行分析之前，需要对整体样本进行缺失值分析，在 472×43 的矩阵中，不存在缺失值，在此步骤中不需要对数据进行补充缺失值处理，继续后续的矩阵分析。通过识别马哈拉诺比斯距离（Mahalanobis distances，简称马氏距离）来确定数据集中是否存在极值，在计算马氏距离之后，分析了 42 个自由度（项目数－1）的卡方值显著性水平，亦不存在极值。进一步对各测度指标间的共线性进行诊断，计算指标之间的相关值以及方差膨胀因子，结果显示相关值均不超过 0.769 且膨胀因子均小于 10，因此确定各项目之间不存在多重共线性，具体结果如表 4-2 所示。

表 4-2　共线性统计分析结果

模型	未标准化系数		标准化系数	t	显著性	B 的 95.0% 置信区间		共线性统计	
	B	标准误差	Beta			下限	上限	容差	VIF
（常量）	0.635	0.340		1.866	0.063	−0.034	1.303		
WKI 1	0.065	0.38	0.102	1.022	0.000	0.049	0.211	0.651	1.254
WKI 2	0.136	0.040	0.155	3.360	0.001	0.056	0.216	0.697	1.436
WKI 3	0.302	0.044	0.325	6.910	0.000	0.216	0.388	0.666	1.503
WKI 4	0.113	0.057	0.097	1.999	0.046	0.002	0.224	0.625	1.601
WKI 5	0.212	0.050	0.195	4.280	0.000	0.115	0.310	0.708	1.412
WKI 6	0.068	0.047	0.065	1.460	0.145	−0.024	0.160	0.734	1.363
WKI 7	−0.027	0.041	−0.029	−0.659	0.511	−0.108	0.054	0.769	1.300
WKI 8	−0.017	0.052	−0.016	−0.338	0.735	−0.119	0.084	0.627	1.595
WKI 9	−0.052	0.041	−0.059	−1.279	0.202	−0.132	0.028	0.698	1.432
WKI 10	0.037	0.042	0.041	0.884	0.377	−0.045	0.119	0.691	1.448
WKI 11	0.007	0.040	0.008	0.168	0.867	−0.071	0.085	0.678	1.475
WKI 12	−0.074	0.039	−0.095	−1.898	0.058	−0.150	0.003	0.594	1.683
WKI 13	0.086	0.043	0.103	1.998	0.046	0.001	0.171	0.551	1.814
WKI 14	0.021	0.039	0.026	0.535	0.593	−0.056	0.099	0.633	1.580
WKI 15	0.013	0.039	0.017	0.330	0.742	−0.065	0.091	0.538	1.858
WKI 16	−0.042	0.039	−0.048	−1.060	0.290	−0.119	0.036	0.707	1.414
WKI 17	−0.029	0.042	−0.032	−0.695	0.487	−0.113	0.054	0.706	1.416
WKI 18	0.008	0.047	0.008	0.166	0.868	−0.085	0.101	0.640	1.563
WKI 19	0.004	0.030	0.006	0.133	0.894	−0.056	0.064	0.639	1.566
WKI 20	−0.089	0.050	−0.087	−1.772	0.077	−0.187	0.010	0.616	1.624
WKI 21	0.021	0.044	0.022	0.476	0.634	−0.065	0.106	0.669	1.494

模型	未标准化系数		标准化系数	t	显著性	B 的 95.0% 置信区间		共线性统计	
	B	标准误差	Beta			下限	上限	容差	VIF
WKI 22	0.050	0.044	0.061	1.159	0.247	−0.035	0.136	0.526	1.902
WKI 23	0.044	0.043	0.057	1.020	0.308	−0.040	0.127	0.475	2.107
WKI 24	0.017	0.039	0.023	0.440	0.660	−0.060	0.095	0.520	1.924
WKI 25	−0.060	0.046	−0.061	−1.290	0.198	−0.151	0.031	0.656	1.525
WKI 26	−0.044	0.038	−0.059	−1.174	0.241	−0.119	0.030	0.588	1.701
WKI 27	0.031	0.039	0.039	0.789	0.431	−0.046	0.107	0.591	1.693
WKI 28	0.006	0.038	0.008	0.154	0.878	−0.070	0.082	0.516	1.939
WKI 29	0.005	0.040	0.006	0.119	0.905	−0.074	0.084	0.618	1.619
WKI 30	−0.019	0.039	−0.024	−0.481	0.631	−0.095	0.058	0.575	1.738
WKI 31	0.003	0.040	0.004	0.073	0.942	−0.076	0.082	0.616	1.624
WKI 32	0.000	0.044	0.000	−0.003	0.997	−0.086	0.085	0.614	1.629
WKI 33	−0.044	0.039	−0.057	−1.136	0.257	−0.120	0.032	0.592	1.689
WKI 34	−0.005	0.036	−0.006	−0.141	0.888	−0.075	0.065	0.706	1.416
WKI 35	0.013	0.037	0.017	0.343	0.732	−0.061	0.086	0.593	1.686
WKI 36	−0.029	0.038	−0.039	−0.745	0.457	−0.104	0.047	0.539	1.855
WKI 37	0.029	0.041	0.033	0.726	0.469	−0.050	0.109	0.708	1.412
WKI 38	−0.101	0.054	−0.095	−1.854	0.064	−0.208	0.006	0.563	1.776
WKI 39	−0.016	0.042	−0.019	−0.384	0.701	−0.098	0.066	0.610	1.639
WKI 40	0.112	0.041	0.136	2.728	0.007	0.031	0.193	0.593	1.688
WKI 41	0.047	0.041	0.054	1.125	0.261	−0.035	0.128	0.639	1.564
WKI 42	0.069	0.046	0.068	1.500	0.134	−0.021	0.158	0.723	1.383
WKI 43	0.032	0.048	0.031	0.676	0.500	−0.062	0.126	0.721	1.387
因变量：WKI（总）									

采用探索性因素分析来考察单维度假设和局部独立性假设是否实现，并分析指标是否处于单一的主导因素下。根据相关系数分析，相关系数最高为 0.769（$P<0.05$），表明没有重复或测量相同特征的指标。将所有指标均纳入探索性因子分析，并对 Kaiser-Meyer-Olkin（KMO）和 Bartlett 球形检验结果进行分析，以考察调研数据是否适合进行探索性因子分析。采用 SPSS 24.0 进行因子分析的结果可知，KMO 值为 0.92，Bartlett 球形检验结果显著（$P=0.00$），Cronbach's $\alpha=0.917$，这表明该数据集适用于探索性因子分析。

探索性因子分析的部分结果记录了指标的公因子方差、因素负荷和每个指标之间的相关性检验。结果发现因子载荷最低为 0.422（指标 WKI 42），项目之间的相关性检验最高的系数为 0.476（指标 WKI 1 与 WKI 3），均未超过 0.5，表明部分指标之间具备弱相关，大多指标不存在相关性。整体来看，所有的指标提供了一维的假设并具有独立性。本研究旨在对水知识存量整体的测度，具有弱相关性的指标对最终结果影响有限，因此将全部数据代入模型。

4.3.2 指标参数估计与模型数据拟合结果

基于最大似然估计的指标参数估计，计算边际信度系数来确定预测能力，其信度水平为 0.946，χ^2/df 拟合优度（自由度）与 $S-\chi^2$ 统计量结果用于确定指标是否符合该模型。a 表示指标的区分度，b_1，b_2，b_3，b_4 分别表示类别边界位置，即指标的难度参数，具体的分析结果如表 4-3 所示。

表 4-3　指标参数和数据拟合参数结果

项目	χ^2/df	a	b_1	b_2	b_3	b_4	$S-\chi^2$	$P（S-\chi^2）$
1	1.951	0.451	−0.194	0.264	0.404	2.579	40.359	0.514
2	0.842	0.099	−2.082	−0.254	0.516	5.911	86.454	0.248
3	1.087	0.279	−1.360	0.085	0.300	3.081	58.441	0.857
4	2.988	0.530	−2.181	−2.006	−1.943	5.220	35.121	0.081
5	2.041	0.438	−0.527	−0.323	−0.242	4.733	55.763	0.529
6	2.578	0.256	−1.077	−0.601	−0.501	5.100	57.904	0.674
7	0.514	0.072	−2.162	−1.939	−1.238	4.591	54.287	0.212
8	2.311	0.301	−2.426	−1.860	−1.830	5.811	62.876	0.522

项目	χ^2/df	a	b_1	b_2	b_3	b_4	$S\text{-}\chi^2$	$P（S\text{-}\chi^2）$
9	3.748	0.053	−17.846	−4.860	−2.616	7.169	75.412	0.417
10	1.884	0.516	−0.634	−0.071	0.118	2.401	42.134	0.348
11	1.226	0.381	−1.746	−0.942	−0.687	3.237	37.921	0.504
12	2.147	0.225	−1.147	−1.256	−0.184	2.786	30.589	0.221
13	1.245	0.368	−2.650	−0.215	0.093	1.844	53.774	0.741
14	2.432	0.249	−2.341	−0.812	0.500	4.574	34.759	0.955
15	1.854	0.444	−1.899	−0.090	0.511	2.346	49.415	0.847
16	1.769	0.400	−1.224	−0.500	−0.239	4.087	33.517	0.087
17	2.774	0.683	−0.343	0.083	0.190	2.220	55.741	0.145
18	1.694	0.273	−2.282	−2.625	−2.521	4.977	44.962	0.095
19	2.124	0.412	−2.926	−0.951	0.352	3.654	67.485	0.471
20	3.079	0.424	−1.307	−1.000	−0.872	5.964	52.932	0.387
21	1.558	0.245	−3.017	−1.595	−0.284	4.570	46.617	0.242
22	1.624	0.264	−3.097	−1.161	−0.483	3.965	39.84	0.158
23	1.932	0.374	−1.727	0.277	1.057	2.910	101.554	0.055
24	5.215	0.030	−38.176	−8.966	1.023	26.132	56.489	0.521
25	2.223	0.472	−1.544	−1.176	−1.057	4.784	42.802	0.749
26	2.189	0.338	−2.114	0.201	0.923	3.419	41.856	0.420
27	2.140	0.368	−1.729	−0.224	0.316	3.189	94.012	0.178
28	6.784	0.036	−38.101	−6.411	3.872	23.072	35.025	0.224
29	2.765	0.567	−0.649	0.179	0.466	2.443	44.128	0.123
30	1.502	0.255	−3.105	−0.241	0.700	3.651	31.007	0.088
31	2.741	0.554	−1.213	−0.468	−0.075	1.862	48.674	0.144

续　表

项目	χ^2/df	a	b_1	b_2	b_3	b_4	$S\text{-}\chi^2$	$P(S\text{-}\chi^2)$
32	1.943	0.282	−1.255	0.201	0.474	4.005	37.479	0.475
33	2.059	0.433	−1.508	−0.144	0.319	2.753	59.425	0.711
34	1.280	0.220	−3.243	−1.334	−0.632	5.354	38.162	0.131
35	1.963	0.347	−2.678	−0.370	0.329	2.853	57.501	0.613
36	1.537	0.218	−3.554	−0.351	1.263	4.831	36.251	0.448
37	2.781	0.563	−0.355	0.407	0.571	2.603	68.223	0.182
38	3.411	0.271	−3.501	−2.098	−1.811	5.969	36.487	0.254
39	2.104	0.483	−1.369	−0.648	−0.463	2.678	42.013	0.201
40	2.004	0.444	−3.578	−0.725	−0.484	3.226	31.225	0.109
41	2.378	0.595	−0.767	−0.030	0.153	1.961	50.47	0.260
42	1.004	0.297	−1.560	−1.020	−0.933	4.253	43.864	0.084
43	2.574	0.657	−0.992	−0.812	−0.754	3.545	42.134	0.066

　　根据 4.2.3 节的方法概述，首先采用卡方拟合优度指数除以自由度（χ^2/df）作为数据模型拟合的标准，根据公式（4.24）对 43 个指标的拟合优度指数进行计算，进而计算 χ^2/df，结果见表 4-3 第二列，43 个数值中仅有第 9、20、24、28、38 项的拟合度大于 3。参考 Baker[199] 对特定区分度参数的分类，本研究界定指标的区分度介于 0.2～0.5 之间，指标具有适度的区分性；区分度介于 0.5～0.8 之间，指标具有高度的区分性；区分度大于 0.8，指标具有非常高的区分性。由此可见，第 9、24、28 项指标低于一般区分度水平，其他指标均为适中或高区分度，且对应的难度系数均符合信息最大化的标准。根据表 4-3 倒数第二列给出了指标拟合统计量的结果，所有指标均符合模型拟合对应的参数标准（$P(S\text{-}\chi^2) > 0.05$）[205]。综上，指标的数值拟合结果大多符合标准，绝大多数指标的区分度以及难度参数较为适中，仅有 9、24、28 这三项测度指标差异性较大，故将这三个项目删除，其余指标均适合作为水知识存量测度指标对公民的水知识水平进行测度。

4.3.3　指标特征响应函数

根据最大似然估计得到的指标参数估计，绘制不同指标相应类别的特征曲线，如图 4-6 所示。其中，横轴表示项目特征（θ），纵轴表示概率（$P(\theta)$）。

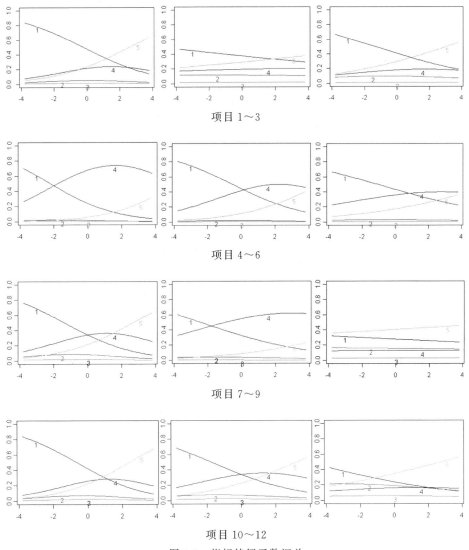

项目 1～3

项目 4～6

项目 7～9

项目 10～12

图 4-6　指标特征函数汇总

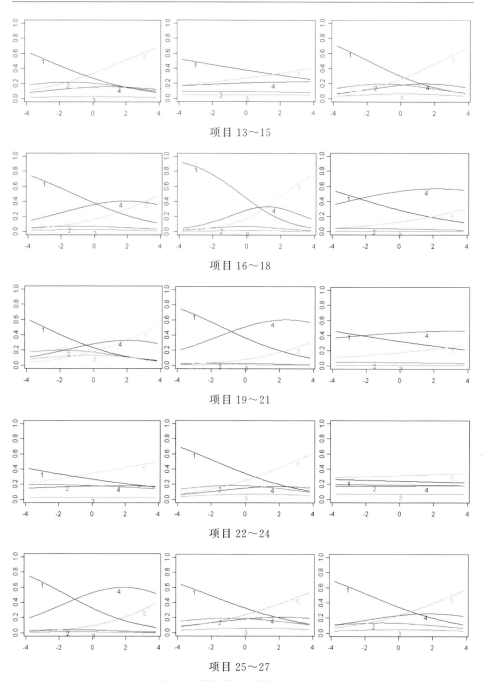

项目 13～15

项目 16～18

项目 19～21

项目 22～24

项目 25～27

图 4-6　指标特征函数汇总（续）

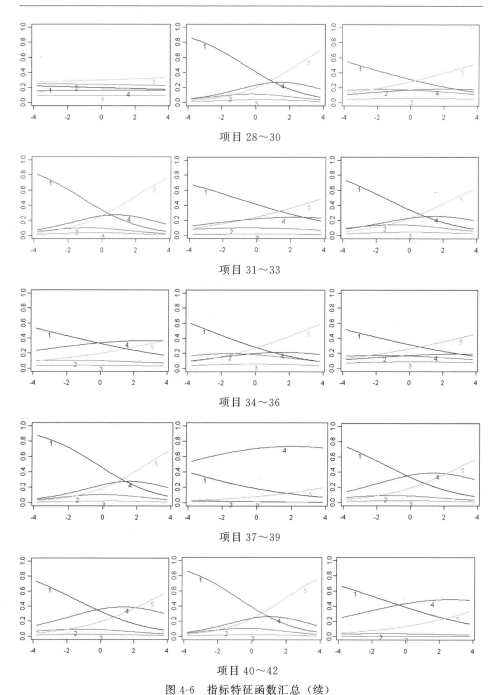

图 4-6 指标特征函数汇总（续）

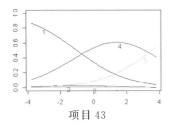

项目 43

图 4-6　指标特征函数汇总（续）

根据图示结果，指标 9、24、28 的曲线趋于平缓，这些指标相对于受调查者的响应没有提供足够多的信息，受访者无法区分这些指标响应类别，采用李克特 5 级量表的陈述无法解释该测度指标的信息量。因此基于上述结果，将三个指标予以删除。

4.3.4　指标信息函数与标准误差函数

根据数据结果，绘制图 4-7 所示的项目信息函数，结果表明该量表提供了更多特征水平介于 −2 和 2 之间的个体信息；因此，在此区间内的测量误差较小。

通过对测试信息与标准误差函数图进行分析（见图 4-8），该量表对认知水平在 −2～3 之间的个体具有非常可靠的测量效果。这一发现表明，对于水知识水平非常低或者水知识水平非常高的受调查者来说，该量表可能不是最佳选择，但适合对普通公民的水知识存量水平进行测度，量表具有一定的普适性。

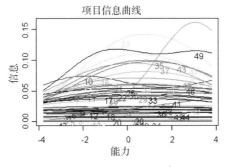

图 4-7　指标信息函数①

---

①　指标信息函数中包含 49 条曲线，其中编号 1～6 为个人统计学特征曲线，曲线 7～49 分别对应指标 1～43。

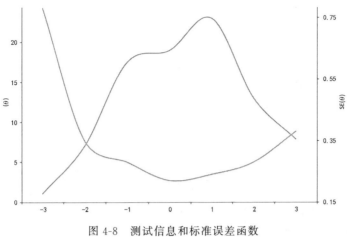

图 4-8 测试信息和标准误差函数

4.3.5 水知识存量测度指标优化结果

根据项目反应理论的分析结果，最终共得到包含"洪灾、旱灾发生时应对措施"等 40 个基础测度指标，删除"了解合同节水及相关节水管理知识""了解水人权概念，知道安全的清洁饮用水和卫生设施是一项基本人权，国家要在水资源分配和利用中优先考虑个人的使用需求"和"知道饮用受污染的水会对人体造成危害，会导致消化系统疾病、传染病、皮肤病等，甚至导致死亡"等无法提供足够多信息的基础指标。研究得到的最终基础测度指标如表 4-4 所示，分别用 V_1，V_2，…，V_{40} 表示。

表 4-4 水知识存量基础测度指标

基础测度指标
洪灾、旱灾发生时应对措施 V_1
知道水是生命之源、生态之基和生产之要，既要满足当代人的需求，又不损害后代人满足其需求的能力 V_2
了解当地个人生活用水定额并自觉控制用水量 V_3
了解当地防洪、防旱基础设施概况以及当地雨洪特点 V_4
了解地表水和污水监测技术规范、治理情况 V_5

续　表

基础测度指标
了解地球上水的分布状况（如地球总面积中陆地面积和海洋面积的百分比）；了解地球上主要的海洋和江河湖泊相关知识 V_6
了解工业节水的重要意义，知道工业生产节水的标准和相关措施 V_7
了解国内外重大水污染事件及其影响 V_8
实施河长制的目的（保护水资源、防治水污染、改善水环境、修复水生态的河湖管理保护机制，是维护河湖健康生命、实现河湖功能永续利用的重要制度保障）V_9
农业灌溉系统、农业节水技术相关知识 V_{10}
了解人工增雨相关知识 V_{11}
知道在水循环过程中，水的时空分布不均造成洪涝、干旱等灾害 V_{12}
了解人工湿地的作用和类型 V_{13}
了解人类活动给水生态环境带来的负面影响，懂得应该合理开发荒山荒坡、合理利用草场、林场资源，防止过度放牧 V_{14}
自然界的水在太阳能和重力作用下形成水循环的方式（如蒸腾、降水、径流等）V_{15}
了解水的物理知识，如水的冰点与沸点、三态转化、颜色气味、硬度等 V_{16}
了解水环境检测、治理及保护措施 V_{17}
了解水环境容量的相关知识，知道水体容纳废物和自净能力有限，知道人类污染物排放速度不能超过水体自净速度 V_{18}
了解水价在水资源配置、水需求调节等方面的作用 V_{19}
知道开发和利用水能是充分利用水资源、解决能源短缺的重要途径 V_{20}
中国水利管理组织体系的职责和作用 V_{21}
了解水权制度，知道水资源属于国家所有，单位和个人可以依法依规使用和处置，须由水行政主管部门颁发取水许可证并向国家缴纳水资源费（税）V_{22}
了解国家按照"谁污染、谁补偿""谁保护、谁受益"的原则，建立了水环境生态补偿政策体系 V_{23}
了解水污染的类型、污染源与污染物的种类，以及控制水污染的主要技术手段 V_{24}

基础测度指标
知道过量开采地下水会造成地面沉降、地下水位降低、沿海地区海水倒灌等现象 V_{25}
知道"阶梯水价"将水价分为两段或者多段，在每一分段内单位水价保持不变，但是单位水价会随着耗水量分段而增加 V_{26}
知道水生态环境的内部要素是相互依存的，同时与经济社会等其他外部因素也是相互关联的 V_{27}
知道中水回用是水资源可持续利用的重要方式 V_{28}
了解水的化学知识，如水的化学成分和化学式等 V_{29}
了解中国的水分布特点以及重要水系、雪山、冰川、湿地、河流和湖泊等 V_{30}
知道污水必须经过适当处理达标后才能排入水体 V_{31}
掌握正确的饮水知识，不喝生水，最好喝温开水，成人每天需要喝水 1 500～2 500 mL V_{32}
了解水对生命体的影响 V_{33}
知道使用深层的存压水、高氟水会危害健康 V_{34}
知道环保部门的官方举报电话：12369 V_{35}
知道节水可以保护水资源、减少污水排放，有益于保护环境 V_{36}
知道节约用水要从自身做起、从点滴做起 V_{37}
知道如何回收并利用雨水 V_{38}
对水是不可再生资源的认知（水生态系统一旦被破坏很难恢复，恢复被破坏或退化的水生态系统成本高、难度大、周期长）V_{39}
知道水是人类赖以生存和发展的基础性和战略性自然资源，解决人水矛盾主要是通过调整人类的行为来实现 V_{40}

4.4　本章小结

本章主要基于多分级项目反应理论对公民水知识存量测度指标进行评估与优化。研究总结了前人对项目反应理论的描述，并基于此提出了适合公民水知识存量测度指标的多分级 GRM 优化方法，以评估和优化公民水知识存量测度指标。以第 3 章水知识存量指标体系的探索为基础，首先构建了基础指标测试量表，基于获取的数据采用边际最大似然估计的方法对 43 个指标的参数进行估计；其次，通过模型-数据拟合指标特征函数的过程，对每一个指标进行检测；最后，通过指标信息函数以及测试信息函数的结果反馈，验证受测指标与受调查者水知识存量水平特征之间的关系。通过对结果的分析可知，指标 9、指标 24 和指标 28 的区分度以及特征曲线均显示此三项指标不适合作为公民水知识存量的基础测度指标；根据指标信息函数结果，大多数指标特征水平处于 −2～2 之间时，该量表能够反映出受调查者的更多信息，且剩余的各指标对认知水平较为普遍的公民具有相当的可靠性。本章的研究结果为下文完成公民水知识存量测度研究奠定了基础。

5 基于模糊识别-贝叶斯网络模型的水知识存量测度研究

本章主要提出了一种模糊-贝叶斯网络水知识存量测度模型的构建方法，并根据构建的测度模型对河南省公民水知识存量进行测度。模糊-贝叶斯网络是将模糊集理论与贝叶斯网络融合后提出的一种新的方法，本方法改善了现有测度方法贝叶斯网络仅能够测度隐性知识的缺点，同时融入模糊集的概念，将知识测度的等级分布更加细化，更真实地反映出公民对于水知识存量测度指标所涵盖知识点的认知，全面测度公民水知识存量真实水平。

5.1 模糊集理论与贝叶斯网络方法

5.1.1 基于隶属函数的模糊集理论概述

水知识存量测度的主要挑战是知识的随机性、模糊性和不确定性，认知局限和知识发展的复杂程度使得很难使用精确的语言去评价水平的高低，无论是专家访谈还是随机选取调查者提供关于知识认知的语言术语或者模糊数的可能取值会更准确地表达出对于知识的认知[206]。模糊集理论即是一种结构化的工具，来解决模糊或不确定的问题[207]。它基于多值逻辑对不确定问题进行评估，可用于描述事件发生的程度，是基于模糊数学而衍生出的一种模糊综合评价方法。通过对模糊评价结果进行合理量化，转化成可明确表示的数学形式，进而有效处理模糊或不确定的信息。

定义 5.1：设定存在一个含有有限元素的论域 U，论域中的元素用 $\overline{A}$ 表示，即 $U=\{\overline{A}\}$，论域上的隶属函数 $\mu_{\overline{A}}$ 定义了集合中的部分隶属度，论域上的模糊集合 X 是由隶属函数决定的。对于论域中的任意元素 $\overline{A}$ 均存在 $\mu_X(\overline{A}) \in [0,1]$，则称为元素 $\overline{A}$ 对模糊集合 X 的隶属度，隶属函数为每一个元素分配一个从 0 到 1 的值，映射表示为：$\mu_X(\overline{A}):M \rightarrow [0,1]$，$\overline{A} \rightarrow \mu_X(\overline{A})$ 为模糊集的隶属度函数。

元素属于模糊集合的程度与其隶属度的值相关。当值趋于 1 时，表示元素 $\bar{A}$ 隶属于集合 X 的程度越高，反之则越低。而对经典集合理论而言，元素要么属于集合要么不属于集合，而模糊集合是一种渐进的过渡过程，可以更好地描述连续变化的状态。集合中的语言变量可转化为三角模糊数或梯形模糊数，相应地表示为 $(x_1，x_2，x_3)$ 或 $(x_1，x_2，x_3，x_4)$。此处是对模糊集理论的概述，仅以三角模糊数为例来定义模糊区间值。

定义 5.2：将实数集合 B 中的语言变量 $\bar{L}$ 定义为三角模糊数，表示为 $(x_1，x_2，x_3)$，则隶属度函数的定义为 $\bar{\mu_L}：\bar{B} \rightarrow [0，1]：\bar{\mu_L}(B) =$

$$
\begin{cases}
\dfrac{\bar{B} - x_2}{x_2 - x_1}, & \bar{B} \in [x_1，x_2] \\[2mm]
\dfrac{\bar{B} - x_3}{x_2 - x_1}, & \bar{B} \in [x_2，x_3] \\[2mm]
0
\end{cases}
，\text{其中 } x_1 < x_2 < x_3。
$$

对于语言变量，Chen 和 Hwang 提供了 8 个等级的转换量表[225]，而人类的记忆能力为 7±2 个模块，这意味着人类一次可以判断的比较数介于 5 到 9 之间[226-227]，此处选取以 9 条语言变量的短语构成的等级量表，构成的语言集合为：{最好，极好，很好，好，一般，差，很差，极差，最差}，语言集合所对应的三角模糊数分别为：{（0.875，1，1）；（0.75，0.875，1）；（0.625，0.75，0.875）；（0.5，0.625，0.75）；（0.375，0.5，0.625）；（0.25，0.375，0.5）；（0.125，0.25，0.375）；（0，0.125，0.25）；（0，0，0.125）}。模糊数的转化区间值用坐标轴表示，见图 5-1。

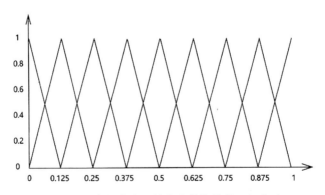

图 5-1　9 条语言变量转化为模糊数的区间表示

隶属度函数的表达具有多种形式，根据不同的研究对象与评价需求可以建立不同的隶属函数，只要能够表达符合研究主题的模糊概念，并能够得到最终的评价结果，在实际应用中就可以实现研究目标。本研究以水知识存量测度为研究目标，研究对象为公民个体，因此需要设置与知识测度相匹配的知识信息转化模糊集的形式，进而获取每个受调查者对于知识的认知和知识重要程度的模糊集合，得到最终的水知识存量指标模糊概率。

5.1.2　基于先验概率的贝叶斯网络模型概述

贝叶斯网络（亦称为贝叶斯信念网络，BBN）是由定向和非定向的节点、弧线组成的图，其中节点表示不确定或随机变量，这些变量可以是连续的也可以是离散的，弧线表示不确定变量之间的因果关系或有影响力的联系[208]。由于变量之间的关系受复杂性和不确定性的影响，因此 BBN 在复杂系统建模中扮演着重要角色[209]。近年来对 BBN 的研究逐渐加深，应用也愈加广泛[209-215]，数据的获取方法也在不断地开发与应用，当数据稀疏时，可以使用专家判断来开发它们[216-217]，或在数据量充足时使用机器学习算法[218]，或数据和专家判断的混合[219]。

动态的 BBN 模型是在静态 BBN 上引入了时间属性，具有代表性的贝叶斯网络模型有隐马尔可夫模型和状态空间模型，均引入了隐形状态的概念，在可观测的数据信息中挖掘随时间变化的隐形状态，将隐形数据转化为具有时间序列的可观测数据，从而实现知识的挖掘、分析和利用。BBN 是利用来自不同的数据源，以一种概率化的方式描述人们对系统或事件的认识，训练得到的参数估计对于后验概率的学习与推理过程不会片面信赖观测数据，也不会夸大主观认知。本部分参考文献［220］，梳理贝叶斯网络模型的推理过程。

定义 5.3：贝叶斯网络的未知节点作为随机变量使用联合概率密度函数描述，可通过求解联合后验概率密度函数来估计这些参数。未知变量 θ 的联合后验概率密度函数可表示为

$$p(\theta \mid A, M) = \frac{p(A \mid \theta, M) p(\theta \mid M)}{p(A \mid M)} \tag{5.1}$$

其中，$p(\theta \mid A, M)$ 表示概率密度的似然函数，反映了未知变量集合 θ 生成可观测数据 A 的可能性大小，展现了未知变量对 A 的解释能力。$p(\theta \mid M)$ 是 θ 的先验函数 $p(A \mid M)$，称之为边缘概率密度函数，与变量集合无关，被用于模型选择、最优决策和数据预测分析，可通过边缘化处理似然函数得到：

$$p(A \mid M) = \int p(\theta \mid A, M) p(\theta \mid M) \mathrm{d}\theta \tag{5.2}$$

一般而言，在使用 BBN 时，会采用特定的模型，因此可将 M 略去。在研究过程中，研究者将经验融入先验信息，以 BBN 对样本观测数据变量的结果进行修正，得到后验概率分布。后验概率的计算主要有以下几种方法。

似然函数 $p(A \mid \theta)$ 是反映变量对观测数据的解释力度，似然度越高，对观测数据的解释力度越大。当似然值达到峰值时则表示为最优估计值。最大似然的数学描述为

$$\hat{\theta}_{\mathrm{ML}} = \mathrm{argmax}[p(A \mid \theta)] \tag{5.3}$$

考虑到对数函数的单调递增特性，一般以 $\ln p(A \mid \theta)$ 代替 $p(A \mid \theta)$ 进行计算。需要注意的是最大似然对样本数据量较少时，估计效果会受到影响，另外，由于研究对象的观测能力有限，在参数估计时一些无法观测的数据亦会影响似然估计结果。最大似然忽略了未知变量的先验信息，有可能会产生过拟合现象。

最大后验概率（maximum posterior probability，MMP）是在 BBN 中引入待估计随机变量先验分布，通过最大化先验函数和似然函数乘积得到的估计值：

$$\hat{\theta}_{\mathrm{MPP}} = \mathrm{argmax}[p(A \mid \theta) p(\theta)] \tag{5.4}$$

相对于最大似然，MPP 考虑了未知变量参数的先验信息，但忽略了边缘似然函数，其无法考虑模型的复杂度以及比较和选择，亦无法避免参数估计的过拟合现象。另外，最大后验概率考虑到了未知变量参数的先验信息，但是对于先验信息的认知也是以最大化先验函数的方式体现的，对于精准获取先验信息仍具有一定的局限性。

除了需要考虑先验信息之外，BBN 中随机变量会存在不可观测的隐变量节点，其会对模型结构和确定参数产生影响，增加贝叶斯学习和推理的难度。因此，我们将 H 定义为隐变量，相应的 BBN 表示为

$$p(\theta, H \mid A) = \frac{p(A, H \mid \theta) p(\theta)}{p(A)} \tag{5.5}$$

似然函数中增加了变量 H：$p(A, H \mid \theta)$，对似然函数进行边缘化积分处理估计参数 θ：

$$p(A \mid \theta) = \int p(\theta, H \mid A) \mathrm{d}H = \int p(A \mid \theta) p(H \mid A) \mathrm{d}H \tag{5.6}$$

如果 H 的空间维数增大，会引起积分较为困难，无法采用最大似然或者

最大后验的方法对参数进行估计。故提出了期望最大算法，利用其迭代机制求取未知参数。计算公式可表示为

$$E(\theta)(i-1)=\int p(H|A,\theta^{(i-1)})\ln p(A,H|\theta)\mathrm{d}H$$

$$=E_H[\ln p(A,H|\theta)]\theta^{(i)}=\mathrm{argmax}E(\theta)(i-1)\qquad(5.7)$$

i 表示迭代的步骤，$E_H[\ln p(A,H|\theta)]$ 表示隐变量的期望。期望最大算法在计算的过程中得到的是点估计，对初始值的选取具有较高要求，其本身也无法对模型进行选择和比较。

本研究根据贝叶斯网络存在的不足之处，提出了基于模糊集理论与贝叶斯网络的融合方法，考虑到知识判断的模糊不确定性，将模糊数转化为模糊概率作为先验概率引入了贝叶斯网络模型，使得贝叶斯网络在进行学习与推理的时候避免对于先验信息的丢失或对边缘似然函数的忽略，提升了方法的可行性以及评价结果的可信性。

5.2　基于模糊识别-贝叶斯网络模型的水知识存量测度方法

5.2.1　基本思路与方法优势

基于模糊集理论与贝叶斯网络的基本概念，本部分旨在构建基于模糊-贝叶斯网络的水知识存量测度模型，模糊识别-贝叶斯网络模型是将模糊集与贝叶斯网络两种方法融合之后提出的新方法。首先设定测试者将要接受测试的特定情境空间以及测试者所要完成的单个或系列任务内容；其次通过各知识节点构建贝叶斯网络的拓扑结构，基于训练样本集，通过模糊集理论的计算结果赋予基础知识节点先验概率，利用贝叶斯网络参数节点进行后验概率学习，以适应特定测试环境，其中训练样本集的数据来源可以由专家（如学识渊博的学者、经验丰富的水利工作者等）和不同知识层次的测试者提供；最后，得到拓扑结构所有节点概率参数后即得到本次测度的完整模型，具体结构见图 5-2。模糊-贝叶斯网络对于一般的贝叶斯网络而言，克服了贝叶斯网络应用明确概率、丢失了模糊概率而引起的水知识测度不完整问题。同时，该模型不需要推理出某一概率最大的结果作为模型运算所得的唯一结果，而是通过模糊集进行多属性决策得到一系列测试者拥有不同的水知识概率，并对这一系列概率进行

排序和解释，即某种被识别完成的水知识测度指标可能出现的概率值大于为满足实际要求所确定的阈值时，说明该测试者拥有此种知识，且拥有该知识的程度值可用其概率值表示。

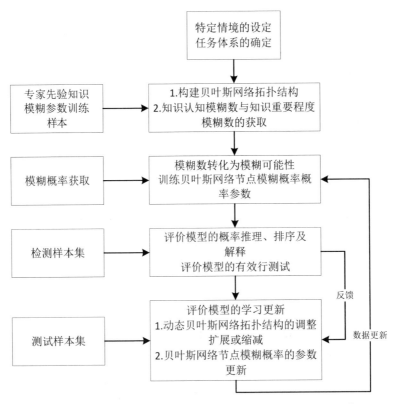

图 5-2　基于模糊识别的贝叶斯网络公民水素养测度模型构建

5.2.2　水知识存量测度模型构建

5.2.2.1　贝叶斯拓扑结构的构建

构建基于模糊识别-贝叶斯网络的水知识存量测度模型的基础是确定有待于识别的水知识种类及其拓扑结构，这需要不断地循环验证和完善，具体的步骤如下。

（1）确定待识别的水知识类别，用 K_j 表示（其中 $j = 1, 2, \cdots, m$）；明确所有类别下的特征变量种类，用 X_i 表示（其中 $i = 1, 2, \cdots, n$）；

（2）确定每个特征变量 x_i 对应可检测的原始信息，分析其与水知识类别 K_i 之间的因果关系和层次结构，并进行条件独立性分析；

（3）完成贝叶斯网络的有向无环图结构，即确定的贝叶斯网络拓扑结构，如图 5-3 所示。

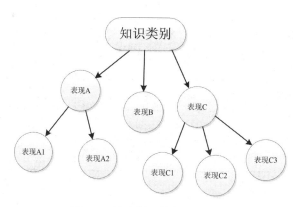

图 5-3　贝叶斯网络拓扑结构图

5.2.2.2　基于模糊识别的基础测度指标概率确定

在实际问题中，通过单一概率值来估计模糊或人为主导的事件发生概率较为困难，本研究采用了专家启示法（expert elicitation），其本质是使用专家的启发性先验知识和模糊数来评估水知识基础测度指标的重要程度，同时结合受调查者知识认知的概率，解决不确定性和缺乏足够数据的问题，为水知识存量测度提供有价值的信息[221-222]。对模糊概念的计算依托于先验知识的"语言变量"，相关研究也证明在处理模糊或不确定概念的情况下是行之有效的，可以用常规的定量表达方式进行合理的描述[207,223-224]。

1. 基于语言变量的水知识基础测度指标模糊认知

语言变量是自然语言或人工语言中的单词或句子通过特定的赋值进行量化所呈现的变量。Chen 和 Hwang 提供了 8 个等级的转换量表[225]，结合本研究需要，考虑到知识的不确定性，将模糊数分为 7 个等级（见表 5-1、图 5-4），用 7 个等级中的语言术语来估计知识可能具备的概率。选择 7 级量表的原因是人类的记忆能力为 7±2 个模块，这意味着人类一次可以判断的比较数介于 5 到 9 之间[226-227]。模糊数是将语言术语模糊化，在模糊逻辑中产生可量化结果，一般用三角或梯形模糊函数来解释语言变量，结合研究的实际，本部分的语言术语采用梯形模糊数的形式进行展示[228]。

表 5-1　语言术语和模糊数描述对知识的认知

语言术语	对知识认知分级描述	模糊数（7 级）
非常高（very high）	精通	（0.8，0.9，1，1）
高（high）	掌握	（0.7，0.8，0.8，0.9）
相当高（fairly high）	基本清楚	（0.5，0.6，0.7，0.8）
一般（medium）	了解	（0.4，0.5，0.5，0.6）
相当低（fairly low）	不太清楚	（0.2，0.3，0.4，0.5）
低（low）	基本不知道	（0.1，0.2，0.2，0.3）
极低（very low）	完全不知道	（0，0，0.1，0.2）

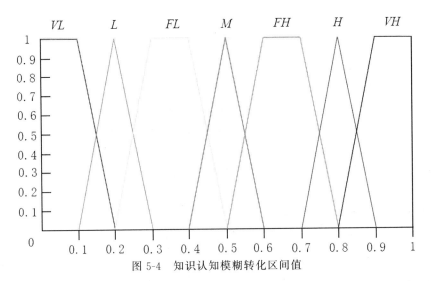

图 5-4　知识认知模糊转化区间值

根据语言术语以及对应的模糊数等级，受调查者对节点 C_i 的认知状况模糊数记为：$\widetilde{X}_i = (x_1, x_2, x_3, x_4)$。

2. 基于专家启示的基础测度指标重要性程度判断

知识重要性程度主要指不同的知识指标相对重要程度，水知识与一般意义上的知识具有类似的属性，即不同的知识点所包含的信息量以及对知识整体的影响有所不同，通过判定不同节点知识的重要程度对测度结果的准确性至关重要。本研究对知识的重要程度同样引用语言术语，运用模糊数来描述水知识基础节点的重要程度，记为 $\tilde{I}_i = (y_1, y_2, y_3, y_4)$，对应的语言术语和模糊集表示见表5-2。

表 5-2　语言术语与模糊描述知识的重要程度

语言术语	模糊集
极低（VL）	(0、0、0、0.25)
低（L）	(0、0.25、0.25、0.50)
中（M）	(0.25、0.50、0.50、0.75)
高（H）	(0.50、0.75、0.75、1.0)
很高（VH）	(0.75、1、1、1)

对于知识的重要性程度，不同的受访者判断都会有不同的可信度。为了获得更可靠的汇总结果，本部分的参数获取采用专家决策的方法，将不同专家的模糊意见进行汇总，形成对知识重要程度的统一判断，进而得到基础知识节点的重要程度。由于要对多个专家的决策进行汇总，考虑各个专家的相对重要性和专家意见的相对认同，本研究采用相似性聚合方法（similarity aggregation method，SAM），该方法是一种更加客观和实用的汇总方法。每一位专家根据水知识调查背景预先设定的语言术语来陈述自己的观点，将语言术语量化为模糊数，根据 SAM 算法获得聚合模糊数。同时考虑到专家的基本特征差异，即将以下四个因素：专业职位、服务时间、受教育程度和年龄作为加权标准[221,229]，在 Tian 等[230]的研究中，通过 Eviews 分析得到的影响程度结果也验证了个人基本特征对评价结果有一定程度的影响。每类个人基本特征评价因素对应不同分数的几个级别，见表5-3。

表 5-3 加权标准和专家基本特征评分

评价因素	类别	评分	评价因素	类别	评分
专业职位	高级管理者	5	受教育程度	博士研究生	5
	中级学术级别或教授	4		硕士研究生	4
	工程师或副教授	3		本科	3
	水利工作者	2		高职高专	2
	工人或普通群众	1		高中及以下	1
工作时长	≥30 年	5	年龄	≥60 岁	5
	20～29 年	4		50～59 岁	4
	10～19 年	3		40～49 岁	3
	6～9 年	2		31～39 岁	2
	≤5 年	1		<30 岁	1

依据加权标准，计算每位专家的个性基本特征模糊权数，专家的数量记为：$E_k(k=1, 2, \cdots, M)$，则每一位专家的相对权重记为

$$w(E_k) = \frac{\mathrm{PP}_{ki} + \mathrm{ET}_{ki} + \mathrm{EL}_{ki} + \mathrm{AG}_{ki}}{\sum\limits_{k=1}^{M}(\mathrm{PP}_{ki} + \mathrm{ET}_{ki} + \mathrm{EL}_{ki} + \mathrm{AG}_{ki})} \quad (i=1, 2, \cdots, n) \quad (5.8)$$

其中，PP 表示专业职位，ET 表示工作时长，EL 表示受教育程度，AG 表示年龄。采用 SAM 算法获得聚合模糊数的具体步骤如下：

（1）计算每两个专家的相似度 $S_{uv}(\tilde{I}_u, \tilde{I}_v)$。专家 E_u 和 E_v 形成的意见对应的标准梯形模糊数分别为 $\tilde{I}_u = (a_1, a_2, a_3, a_4)$，$\tilde{I}_v = (b_1, b_2, b_3, b_4)$（$a, b \in y$）。相似度函数 $S_{uv}(\tilde{I}_u, \tilde{I}_v)$ 定义为

$$S_{uv}(\tilde{I}_u, \tilde{I}_v) = 1 - \frac{1}{4}\sum_{i=1}^{4}|a_i - b_i| \quad (5.9)$$

其中，$S_{uv}(\widetilde{I}_u, \widetilde{I}_v) \in [0, 1]$，其值约接近 1，表明两位专家的意见是相同的；如果其值为 0，表明两位专家的意见无交叉，此种情况下使用德尔菲法对专家的意见进行调整。

（2）计算专家的相对加权协议度（relative weighting agreement，RWA）。

$$RWA(E_u) = \frac{\sum\limits_{v=1, v\neq u}^{M} w(E_u) \cdot S_{uv}(\widetilde{I}_u, \widetilde{I}_v)}{\sum\limits_{v=1, v\neq u}^{M} w(E_v)} \Bigg/ \sum\limits_{u=1}^{M} \left(\frac{\sum\limits_{v=1, v\neq u}^{M} w(E_u) \cdot S_{uv}(\widetilde{I}_u, \widetilde{I}_v)}{\sum\limits_{v=1, v\neq u}^{M} w(E_v)} \right)$$

$$(5.10)$$

其中，$\dfrac{\sum\limits_{v=1, v\neq u}^{M} w(E_u) \cdot S_{uv}(\widetilde{X}_u, \widetilde{X}_v)}{\sum\limits_{v=1, v\neq u}^{M} w(E_v)}$ 为加权协议度，$w(E_u)$ 是专家 E_u 的权重，$w(E_v)$ 是专家 E_v 的权重。

（3）计算专家的共识度系数（consensus coefficient）：$CC(E_u)$，E_u（$u = 1, 2, \cdots, M$）[231]。

$$CC(E_u) = \lambda \cdot w(E_u) + (1-\lambda) \cdot RWA(E_u) \tag{5.11}$$

其中，λ（$0 \leqslant \lambda \leqslant 1$）为松弛因子，表示 $w(E_u)$ 的重要性超过 $RWA(E_u)$，并且决策者分配了适当的值。当 $\lambda = 0$ 时，此时如果不特别重视专家的权重，则使用相同的专家组计算其共识度系数。当 $\lambda = 1$ 时，则专家的共识度与其权重的重要性相同。每个专家的共识度系数是评估每个专家意见相对价值的良好指标[221]。

（4）计算节点 C_i 的专家意见的汇总结果和"整体"模糊数 $\widetilde{I}_i^*$，计算公式如下：

$$\widetilde{I}_i^* = \sum_{k=1}^{M} CC(E_k) \times \widetilde{I}_i \tag{5.12}$$

3. 模糊可能性的获取

鉴于受调查者对于基础知识节点的认知判断是一种语言表达形式，其结果亦是模糊数。对于同一水知识的认知，不同的受调查者可能会根据其经验、职业、知识背景以及其他因素做出不同的判断，得到一组模糊数，称之为模糊可能性（fuzzy possibility，FP）。本研究采用的去模糊化方法是借鉴了 Nguyen

和 Prasad[232]、Lavasani 等[233] 提出并改进的区域中心去模糊化技术（center of the area，COA）。通过去模糊化，将模糊数转化为模糊可能性，在数学意义上表示为

$$X^* = \frac{\int u_i(x) x \, dx}{\int u_i(x)}$$
(5. 13)

其中，X^* 为去模糊化输出的模糊可能性结果，$u_i(x)$ 为聚合隶属度函数，x 为输出变量。

$\widetilde{X}_i = (x_1, x_2, x_3, x_4)$ 是一个标准的梯形模糊数，其隶属函数为

$$U_X(x) = \begin{cases} 0, & x < x_1 \\ \dfrac{x - x_1}{x_2 - x_1}, & x_1 \leqslant x \leqslant x_2 \\ \dfrac{x_4 - x}{x_4 - x_3}, & x_3 \leqslant x \leqslant x_4 \\ 0, & x > x_4 \end{cases}$$
(5. 14)

将公式（5. 7）代入式（5. 6）可得水知识认知的模糊可能性：

$$X_i^* = \frac{\int_{x_1}^{x_2} \dfrac{x - x_1}{x_2 - x_1} x \, dx + \int_{x_2}^{x_3} x \, dx + \int_{x_3}^{x_4} \dfrac{x_4 - x}{x_4 - x_3} x \, dx}{\int_{x_1}^{x_2} \dfrac{x - x_1}{x_2 - x_1} dx + \int_{x_2}^{x_3} dx + \int_{x_3}^{x_4} \dfrac{x_4 - x}{x_4 - x_3} dx}$$

$$= \frac{1}{3} \frac{(x_3 + x_4)^2 - x_3 x_4 - (x_1 + x_2)^2 + x_1 x_2}{(x_3 + x_4 - x_1 - x_2)}$$
(5. 15)

同理将公式（5. 14）代入式（5. 12），可得知识重要性程度的模糊可能性 I_i^*：

$$I_i^* = \frac{1}{3} \times \frac{(y_3^* + y_4^*)^2 - y_3^* y_4^* - (y_1^* + y_2^*)^2 + y_1^* y_2^*}{(y_3^* + y_4^* - y_1^* - y_2^*)}$$
(5. 16)

将节点 C_i 的水知识认知模糊可能性和水知识重要性程度模糊可能性合并之后的综合模糊可能性记为 FP_{C_i}。两种模糊可能性相互独立，有研究证明对于独立的模糊事件 A 和 B，其模糊运算法则为 $P(A \otimes B) = P(A) \otimes P(B)$，$\otimes$ 表示两个模糊集合的乘积[234]，因此，本研究将两种模糊可能性采用此方式进一步聚合，表达式为

$$FP_{C_i}(X_i^* \otimes I_i^*) = FP_{C_i}(X_i^*) \otimes FP_{C_i}(I_i^*)$$
(5. 17)

4. 模糊可能性转化为模糊概率

本研究借鉴 Onisawa 提出的将模糊数转化为模糊概率（FP^P）的方法[235]，该方法的主要功能就是将某些属性，例如人的感觉与对应物理量取对数值的比值，具体的公式如下：

$$FP^P = \begin{cases} \dfrac{1}{10^k}, & FP \neq 0 \\ 0, & FP = 0 \end{cases} \tag{5.18}$$

其中，$k = \left[\left(\dfrac{1-FP}{FP} \right) \right]^{\frac{1}{3}} \times 2.301$，表示一个恒定值，FP 表示每个水知识指标下的模糊可能性，FP^P 为每个水知识基础测度指标的模糊认知概率。参考前人的研究结论，直觉模糊事件的概率符合贝叶斯定理，因此可将模糊概率作为贝叶斯网络中的节点先验概率代入模型，具体的定义和讨论可参考文献［234，236］。

5.2.2.3 模糊贝叶斯网络评价模型概率推理与解释

将每个知识节点的模糊概率代入贝叶斯网络模型中，考虑到变量之间的条件依存关系，特征变量 $C_i = [C_1, C_2, \cdots, C_n]$ 的联合分布概率 $P(C)$[237]：

$$P(C) = \prod_{i=1}^{n} P(C_i \mid Pa(C_i)) \tag{5.19}$$

其中，$Pa(C_i)$ 为任意节点 C_i（$i = 1, 2, \cdots, n$）的父节点，因此 C_i 的概率为

$$P(C_i) = \sum_{X_j, \, j \neq i} P(C) \tag{5.20}$$

利用贝叶斯网络模型结构及其参数在给定结果后计算某些节点取值的概率，对变量的概率进行不断学习与更新，结合 5.1.2 小节中的计算方法，从而产生后验概率：

$$P(C \mid E) = \frac{P(C, E)}{P(E)} = \frac{P(C, E)}{\sum_C P(C, E)} \tag{5.21}$$

其中，E 为不断更新的概率值，反映了个体具备此类水知识的可能性，若某种被识别完成的知识可能出现的概率值 $P(K_i)$ 大于或等于满足实际要求所对应的阈值 δ，即 $P(K_i) \geqslant \delta$，则意味着受调查者具备一定量的水知识，且拥有该知识的测度值 Z_i，可用该概率值换算成百分制来表示：$Z_i = \dfrac{P(K_i) \times 60}{\delta}$（$0 < P(K_i) < 1$），百分制中的阈值设定为 60。

5.2.2.4 模型有效性测试

本书构建的基于模糊识别-贝叶斯网络的水知识测度模型是否能够达到一定的准确度以满足对个体测度的实际要求，须对该模型的有效性进行检测。假设已知测试样本集 $T = (T_1, T_2, \cdots, T_m, X)$，其中 T_i 表示相关专家已具备的水知识，X 表示待识别的水知识类别，针对测试样本集 T 的每个样本 $t_i = (t_{1i}, t_{2i}, \cdots, t_{mi}, x)$，将每个样本所具备的水知识数据值 $(t_{1i}, t_{2i}, \cdots, t_{mi})$ 作为该测试模型输入的原始数据，然后判断概率推理的结果输出值是否符合已知实际情况的知识类别 x，即判断 $P(x_i \mid t_{1i}, t_{2i}, \cdots, t_{mi}) \geqslant P(x_j \mid t_{1j}, t_{2j}, \cdots, t_{mj})$，其中 $i \neq j$，且 $0 < i, j \leqslant n$，n 为待识别水知识类别的状态空间数。如果模型测试结果满足设定的条件，则表示该水知识测度模型的推理结果合理，能够有效完成测度；反之，则根据有效性测试结果反馈的信息对测度模型进行重新学习与推理，同时可以增大训练样本集的样本容量或调整贝叶斯网络拓扑结构，重新挖掘和选取各级指标，直到满足模型有效性测试的要求停止该循环。

5.3 公民水知识存量测度：以河南省为例

5.3.1 贝叶斯网络拓扑结构的构建

本研究主要以《公民水素养基准的探索性研究》[238] 中对水知识基准的定义为基础，结合第 3 章的水知识存量测度指标的探索结果，明确定义或非常清楚地描述了水知识存量测评指标，以此来补充水素养基准中对水知识这一定义的不完整之处。本研究通过第 4 章的指标评估与优化后，最终确定了 4 个不同维度的定义以及 10 个对应的三级指标，所有维度下共包含 40 个基础测度指标。表 4-4 直观地展示了相关测度指标，并将其按照所属类别放在每个指标结构中，其中水知识存量表示为 K，水知识存量对应的二级指标用 K_1，K_2，$\cdots$ 等表示，三级指标分别用 K_{11}，K_{12}，$\cdots$ 表示。根据整理所得的水知识测度各级指标，构建水知识存量测度的贝叶斯网络拓扑结构，基础测度指标用 a 表示，如图 5-5 所示。

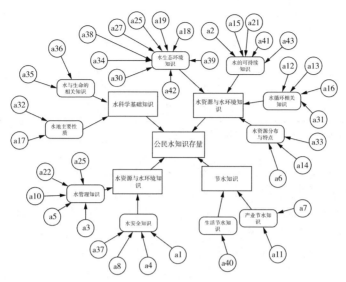

图 5-5 公民水知识存量测度贝叶斯拓扑结构

5.3.2 数据来源

5.3.2.1 基于专家启示的水知识测度指标重要性程度判断

贝叶斯网络模型先验概率的可靠性与专家的意见分布密切相关，专家选取涉及的研究领域范围越广，越能反映出整体的概率区间，模糊识别知识的概率值就越趋于准确。基于此，本研究在河南省范围内选取 3 位对于水知识研究领域契合度较高的专家和 3 位完全不属于该领域的专家使用语言变量对水知识基础测度指标的重要性程度进行模糊判别。前三位专家为水知识研究领域内专家，后三位为不相关领域内专家，并按照专家可能的水知识存量多少，以服从正态分布的规律选取专家。选取的专家基本信息以及权重赋值结果如表 5-5 所示。

表 5-5 专家基本信息及权重信息

专家序号	职称	工作时长/年	受教育程度	年龄/岁	权重评分	权重值 $w(E_k)$
1	教授	32	博士研究生	55	18	0.194
2	教授	23	博士研究生	46	16	0.172
3	副高	14	博士研究生	40	14	0.151
4	教授（高管）	38	本科	62	18	0.194

续 表

专家序号	职称	工作时长/年	受教育程度	年龄/岁	权重评分	权重值 $w(E_k)$
5	副教授	26	硕士研究生	44	14	0.151
6	副高	10	博士研究生	38	13	0.140

注：权重评分根据表 5-3 的评价标准进行赋值

5.3.2.2　基于语言变量的水知识模糊认知数据获取

受调查者基于语言变量的水知识模糊认知知识，认知数据来源的基础是 2020 年《中国公民水素养现状研究评价》项目研究中"水知识部分"测度分量表，并根据第 4 章中得到的最终测度指标进行数据筛选，删除指标 9、24、28 所对应的问题。对处理后的数据，基于 7 级语言术语对应的量表进行统一量纲，形成最终的分析数据。数据来源为 2020 年作者所在课题组在河南省内随机发放的调研问卷，共获取 472 份有效问卷，所有的有效问卷经过处理后构成数据集作为下文研究的数据来源。

5.3.3　测度指标的概率参数结果

根据本章构建的模型，在得到专家的判断数据之后，将语言术语转化为相应的模糊数，然后利用相似性聚合方法将专家的意见聚合为整体模糊数，进而转化为模糊概率，具体的计算过程见公式（5.8）～（5.18）。根据公式（5.11）可知，在进行相似性聚合时需要确定其松弛因子，本研究结合部分文献的研究结果[222,239]，为便于计算选取松弛因子为 0.5。

计算得到的结果见表 5-6。水知识存量基础测度指标的模糊认知程度仅以一位受调查者数据作为示例，而表 5-6 中第二列认知模糊综合概率由 30 位受访者聚合所得，30 位受访者分别为 5 个不同年龄段、不同学历程度的人构成。其中 3 位 18 岁以下能够独立完成测试的学生，包括高中生、初中生、小学生各 1 位；6 位 18～30 岁的受调查者，包括在校大学生、农民、企业人员、自由职业者、事业单位、公务员各一位；以此类推，在 31～40 岁、40～50 岁年龄段除学生群体以外，各 5 位，此年龄段的事业单位和公务单位人员选择学历较高的受调查者，事业单位为水利相关教师，公务单位为水利行业工作者；50 岁以上，受调查者职业为自由职业、农民、公务员、企业人员、事业单位等随机各选取 1 人，共 5 人；60 岁以上随机在社区内选取 5 位受调查者。其代表的水知识水平由可能的最低到可能的最高，以保证获取模糊概率的准确性。

表 5-6 水知识存量基础测度指标模糊概率

测度指标	测度指标认知程度			测度指标重要度										模糊概率（先验概率）
	模糊数示例	$\mathrm{FP}_{C_i}(X_i^*)$ 模糊可能性（29位调查者聚合）	综合模糊概率	$CC(E_u)$ 共识度系数（专家1~6）						$\tilde{I}_i$ 综合模糊数	$\mathrm{FP}_{G_i}(X_i^*)$ 模糊可能性	综合模糊概率	
V_1	(0.4、0.5、0.5、0.6)	0.5	0.005 0	0.176 8	0.142 2	0.167 5	0.186 3	0.166 6	0.161 6	(0.513 8,0.764 1,0.764 1,0.885 7)	0.721 2	0.021 1	0.013 0
V_2	(0.7、0.8、0.8、0.9)	0.8	0.035 5	0.186 3	0.175 6	0.156 0	0.166 9	0.165 5	0.150 8	(0.535 5,0.785 7,0.785 7,0.959 3)	0.760 2	0.027 1	0.031 3
V_3	(0.2、0.3、0.4、0.5)	0.35	0.001 5	0.186 5	0.155 8	0.165 8	0.167 3	0.165 6	0.160 2	(0.247 4,0.497 6,0.497 6,0.747 9)	0.497 6	0.004 9	0.003 2
V_4	(0.1、0.2、0.2、0.3)	0.2	0.000 2	0.182 9	0.173 5	0.163 5	0.183 9	0.162 5	0.134 7	(0.153 7,0.403 9,0.403 9,0.654 2)	0.403 9	0.002 4	0.001 3
V_5	(0.4、0.5、0.5、0.6)	0.5	0.005 0	0.185 9	0.160 7	0.164 8	0.185 0	0.164 8	0.139 1	(0.034 8,0.244 9,0.244 9,0.495 1)	0.258 2	0.000 5	0.002 8
V_6	(0.5、0.6、0.7、0.8)	0.65	0.013 4	0.191 0	0.180 6	0.132 8	0.174 7	0.170 6	0.151 3	(0.104 2,0.310 8,0.310 8,0.561 1)	0.325 4	0.001 2	0.007 3
V_7	(0.7、0.8、0.8、0.9)	0.8	0.035 5	0.171 5	0.175 0	0.144 6	0.185 0	0.164 7	0.159 3	(0.036 1,0.243 4,0.243 4,0.493 7)	0.257 8	0.000 5	0.018 0
V_8	(0.4、0.5、0.5、0.6)	0.5	0.005 0	0.189 7	0.179 6	0.165 5	0.171 5	0.149 8	0.145 0	(0.188 8,0.396 1,0.396 1,0.646 4)	0.410 4	0.002 5	0.003 8

续　表

测度指标	测度指标认知程度			$CC(E_u)$ 共识度系数（专家 1～6）						测度指标重要程度			
	模糊数示例	$FP_{Gi}(X_i^*)$ 模糊可能性（29 位调查者聚合）	综合模糊概率							$\tilde{I}_i$ 综合模糊数	$FP_{Gi}(X_i^*)$ 模糊可能性	综合模糊概率	模糊概率（先验概率）
V_9	(0.5,0.6, 0.7,0.8)	0.65	0.013 4	0.175 2	0.170 5	0.160 8	0.175 2	0.163 5	0.155 8	(0.284 4,0.534 7, 0.534 7,0.784 9)	0.534 7	0.006 4	0.009 9
V_{10}	(0.7,0.8, 0.8,0.9)	0.8	0.035 5	0.177 4	0.175 4	0.165 4	0.175 3	0.155 4	0.152 2	(0.500 2,0.750 5, 0.750 5,0.918 3)	0.723 0	0.021 3	0.028 4
V_{11}	(0.2,0.3, 0.4,0.5)	0.35	0.001 5	0.191 1	0.180 6	0.156 5	0.174 8	0.170 6	0.127 4	(0.102 8,0.309 4, 0.309 4,0.559 6)	0.324 0	0.001 1	0.001 3
V_{12}	(0.7,0.8, 0.8,0.9)	0.8	0.035 5	0.187 6	0.177	0.153 7	0.167 3	0.166 9	0.148 6	(0.284 0,0.534 2, 0.534 2,0.784 5)	0.534 2	0.006 3	0.020 9
V_{13}	(0.4,0.5, 0.5,0.6)	0.5	0.005 0	0.185 6	0.175	0.155 3	0.160 6	0.164 9	0.159 6	(0.171 3,0.381 4, 0.381 4,0.631 6)	0.394 7	0.002 2	0.003 6
V_{14}	(0.5,0.6, 0.7,0.8)	0.65	0.013 4	0.178	0.175 4	0.157 9	0.174 6	0.165 4	0.149 6	(0.503 4,0.753 7, 0.753 7,0.919 9)	0.725 7	0.021 7	0.017 6
V_{15}	(0.2,0.3, 0.4,0.5)	0.35	0.001 5	0.167 3	0.155 8	0.165 6	0.186 6	0.165 6	0.160 2	(0.247 4,0.497 6, 0.497 6,0.747 9)	0.497 6	0.004 9	0.003 2
V_{16}	(0.5,0.6, 0.7,0.8)	0.65	0.013 4	0.188 5	0.142 2	0.168 8	0.188 5	0.166 0	0.147	(0.221 6,0.471 9, 0.471 9,0.686 6)	0.460 0	0.003 7	0.008 6

续表

测度指标	测度指标认知程度			测度指标重要程度									模糊概率（先验概率）
	模糊数示例	$FP_{Ci}(X_i^*)$ 模糊可能性（29位调查者聚合）	综合模糊概率	$CC(E_n)$ 共识度系数（专家1~6）						$\tilde{I}_i^*$ 综合模糊数	$FP_{Ci}(X_i^*)$ 模糊可能性	综合模糊概率	
V_{17}	(0.7,0.8, 0.8,0.9)	0.8	0.035 5	0.186 4	0.176 2	0.166 1	0.163 5	0.166 1	0.142 6	(0.371 4,0.621 6, 0.621 6,0.836 2)	0.609 7	0.010 4	0.023 0
V_{18}	(0.5,0.6, 0.7,0.8)	0.65	0.013 4	0.190 0	0.179 3	0.169 2	0.190 0	0.125 4	0.147 1	(0.474 6,0.724 8, 0.724 8,0.938 3)	0.712 6	0.019 9	0.016 7
V_{19}	(0.8,0.9, 1,1)	0.92	0.097 9	0.187 3	0.177 1	0.167 2	0.141 7	0.166 4	0.161 2	(0.562 5,0.812 8, 0.812 8,0.930 1)	0.768 5	0.028 7	0.063 3
V_{20}	(0.8,0.9, 1,1)	0.92	0.097 9	0.184 0	0.171 8	0.161 9	0.163 1	0.161 9	0.158 4	(0.333 3,0.583 6, 0.583 6,0.833 8)	0.583 6	0.008 8	0.053 4
V_{21}	(0.7,0.8, 0.8,0.9)	0.8	0.035 5	0.183 0	0.172 3	0.162 0	0.173 7	0.153 2	0.156 7	(0.168 5,0.418 8, 0.418 8,0.669 0)	0.418 8	0.002 7	0.019 1
V_{22}	(0.7,0.8, 0.8,0.9)	0.8	0.035 5	0.186 7	0.176 4	0.166 4	0.164 7	0.166 4	0.161 2	(0.345 4,0.595 6, 0.595 6,0.845 9)	0.595 6	0.009 5	0.022 5
V_{23}	(0.7,0.8, 0.8,0.9)	0.8	0.035 5	0.190 5	0.181 7	0.171 3	0.131 5	0.159 5	0.166 4	(0.526 9,0.744 3, 0.744 3,0.862 5)	0.711 2	0.019 9	0.027 6
V_{24}	(0.8,0.9, 1,1)	0.92	0.097 9	0.191 9	0.178 9	0.169 6	0.158 2	0.159 8	0.142 5	(0.329 2,0.539 9, 0.539 9,0.754 5)	0.541 2	0.006 6	0.052 3

续表

测度指标	测度指标认知程度			测度指标重要程度									
	模糊数示例	$FP_{Ci}(X_i^*)$ 模糊可能性（29位调查者聚合）	综合模糊概率	$CC(E_u)$ 共识度系数（专家1～6）						$\tilde{I}_i^*$ 综合模糊数	$FP_{Ci}(X_i^*)$ 模糊可能性	综合模糊概率	模糊概率（先验概率）
V_{25}	(0.5,0.6,0.7,0.8)	0.65	0.013 4	0.183 3	0.172 4	0.162 0	0.183 3	0.143 4	0.156 6	(0.464 7,0.714 9,0.714 9,0.965 2)	0.714 9	0.020 2	0.016 8
V_{26}	(0.8,0.9,1,1)	0.92	0.097 9	0.175 7	0.182 7	0.172 8	0.129 5	0.172 8	0.167 6	(0.479 7,0.697 5,0.697 5,0.903 9)	0.693 7	0.017 7	0.057 8
V_{27}	(0.8,0.9,1,1)	0.92	0.097 9	0.161 1	0.179 6	0.169 7	0.167 7	0.169 7	0.153 1	(0.327 2,0.577 4,0.577 4,0.787 4)	0.564 0	0.007 7	0.052 8
V_{28}	(0.8,0.9,1,1)	0.92	0.097 9	0.168 0	0.176 4	0.166 5	0.173 6	0.154 7	0.161 8	(0.336 8,0.587 0,0.587 0,0.795 3)	0.573 0	0.008 2	0.053 1
V_{29}	(0.1,0.2,0.2,0.3)	0.2	0.000 2	0.186 4	0.164 0	0.149 7	0.186 4	0.165 6	0.148 9	(0.078 2,0.291 1,0.291 1,0.541 3)	0.303 5	0.000 9	0.000 6
V_{30}	(0.4,0.5,0.5,0.6)	0.5	0.005 0	0.181 0	0.168 1	0.160 2	0.181 0	0.158 0	0.152 7	(0.119 7,0.370 0,0.370 0,0.620 2)	0.370 0	0.001 8	0.003 4
V_{31}	(0.8,0.9,1,1)	0.92	0.097 9	0.180 1	0.169 4	0.158 9	0.179 9	0.158 9	0.153 8	(0.626 3,0.876 6,0.876 6,1.001 0)	0.834 6	0.045 6	0.071 7
V_{32}	(0.8,0.9,1,1)	0.92	0.097 9	0.183 0	0.173 2	0.162 3	0.183 7	0.141 8	0.157 0	(0.590 6,0.840 9,0.840 9,0.965 5)	0.799 0	0.035 3	0.066 6

续　表

测度指标	测度指标认知程度			测度指标重要程度									
	模糊数示例	$FP_{G_i}(X_i^*)$ 模糊可能性（29位调查者聚合）	综合模糊概率	$CC(E_u)$ 共识度系数（专家1~6）						$\tilde{I}_i^*$ 综合模糊数	$FP_{G_i}(X_i^*)$ 模糊可能性	综合模糊概率	模糊概率（先验概率）
V_{33}	(0.2,0.3, 0.4,0.5)	0.35	0.001 5	0.186 5	0.175 8	0.156 3	0.186 5	0.144 8	0.151 0	(0.541 1,0.791 4, 0.791 4,0.964 8)	0.765 8	0.028 2	0.014 8
V_{34}	(0.5,0.6, 0.7,0.8)	0.65	0.013 4	0.177 8	0.150 6	0.165 8	0.187 5	0.165 8	0.153 6	(0.425 2,0.675 4, 0.675 4,0.842 8)	0.647 8	0.013 2	0.013 3
V_{35}	(0,0,0.1, 0.2)	0.078	0.000 0	0.180 2	0.169 5	0.169 8	0.155 9	0.169 8	0.155 7	(0.464 1,0.714 4, 0.714 4,0.880 7)	0.686 4	0.016 9	0.008 5
V_{36}	(0.8,0.9, 1,1)	0.92	0.097 9	0.182 6	0.173 1	0.162 4	0.172 7	0.153 0	0.157 2	(0.544 6,0.794 9, 0.794 9,0.919 6)	0.753 0	0.025 9	0.061 9
V_{37}	(0.8,0.9, 1,1)	0.92	0.097 9	0.182 3	0.171 4	0.161 0	0.169 6	0.161 0	0.155 6	(0.708 4,0.958 6, 0.958 6,1.001 0)	0.889 3	0.071 0	0.084 5
V_{38}	(0.2,0.3, 0.4,0.5)	0.35	0.001 5	0.182 4	0.173 4	0.162 5	0.172 3	0.152 9	0.157 4	(0.294 5,0.544 8, 0.544 8,0.795 0)	0.544 8	0.006 8	0.004 1
V_{39}	(0.7,0.8, 0.8,0.9)	0.8	0.035 5	0.189 4	0.178 9	0.168 8	0.131 8	0.168 8	0.163 5	(0.652 1,0.902 3, 0.902 3,0.935 2)	0.829 9	0.044 0	0.039 7
V_{40}	(0.7,0.8, 0.8,0.9)	0.8	0.035 5	0.182 3	0.171 4	0.161 0	0.169 6	0.161 0	0.155 6	(0.708 4,0.958 6, 0.958 6,1.001 0)	0.889 3	0.071 0	0.053 3

基于模糊集理论先验概率的计算结果，采用贝叶斯网络节点参数学习算法，基于5.1.2小节概述的基于先验概率的贝叶斯网络模型计算过程以及公式（5.19）～（5.21），计算出上级节点的后验概率分布。各节点的概率参数值如表5-6和5-7所示。

表 5-7　三级及其以上指标的概率分布结果

一级指标	二级指标	三级指标	基础测度指标
水知识存量 K（0.516 3）	AA1 资源与环境知识 K_1（0.566 4）	A1 水资源分布与特点相关知识 K_{11}（0.014 3）	a6，a14，a33
		A2 水的可持续发展 K_{12}（0.159 7）	a2，a15，a21，a41，a43
水知识存量 K（0.516 3）	AA1 资源与环境知识 K_1（0.566 4）	A3 水循环相关知识 K_{13}（0.078 7）	a12，a13，a16，a31
		A4 水生态环境知识 K_{14}（0.343 5）	a18，a19，a26，a27，a30，a34，a38，a39，a42
	AA2 安全与管理知识 K_2（0.283 3）	A5 水安全知识 K_{21}（0.077 1）	a1，a4，a8，a37
		A6 水管理知识 K_{22}（0.062 6）	a3，a5，a10，a22，a25
		A7 水的商品属性相关知识 K_{23}（0.143 6）	a20，a23，a29
	AA3 节水知识 K_3（0.333 8）	A8 产业节水知识 K_{31}（0.046 4）	a7，a11
		A9 生活节水知识 K_{32}（0.087 4）	a40
	AA4 水基础知识 K_4（0.311 7）	A10 水的主要性质 K_{41}（0.009 2）	a17，a32
		A11 水与生命的相关知识 K_{42}（0.102 5）	a35，a36

5.3.4 测度模型的有效性测试

基于模糊集理论计算出各级指标的概率参数后，需要测试模型的有效性。从获取的水知识认知调研数据中随机抽取 10 个水知识水平较高的样本（分别用 H_1，H_2，$\cdots$，H_{10} 表示）和 10 个水知识水平较低的样本（分别用 L_1，L_2，$\cdots$，L_{10} 表示），知识水平的高低以李克特 7 级量表中的平均值进行筛选。将所有测试集代入模型进行再次计算，求得样本一级指标的概率值，通过对比后验概率的结果来验证模型的有效性。由于数据获取和计算过程与前文描述类似，因此不再赘述，计算结果见表 5-8。

根据计算结果可知，有 11 个样本超过知识存量的先验概率概述，按照选取的测试样本集，理论上有 10 个测试结果大于先验概率，10 个小于先验概率，H_9、L_5、L_8 三个样本的数据出现异常，鉴于调查样本也会使得模型存在一定的误差，可认为本模型的有效性符合预期，因此，通过最终的计算与筛选，选取水知识存量水平的阈值为 0.513 6，以此来判断公民水知识存量水平的高低。另外，若测试结果出现较大误差，则需要选择样本集对模型中的指标概率参数进行重新计算，获取符合模型有效性测试的概率参数。本研究中公民知识存量测度是为了证明公民个人的水知识存量，需要将所得结果进行排序，了解受调查者知识水平，因此模型可进行知识存量测度。

表 5-8 测试样本水知识存量概率参数值及测度值

样本	概率参数值 $P(K_i)$	测度值 Z_i	样本	概率参数值 $P(K_i)$	测度值 Z_i
H_1	0.654 4	76.05	L_1	0.453 4	52.69
H_2	0.712 1	82.75	L_2	0.496 8	57.73
H_3	0.521 3	60.58	L_3	0.432 3	50.24
H_4	0.611 2	71.03	L_4	0.323 9	37.64
H_5	0.521 0	60.55	L_5	0.552 6	64.22
H_6	0.583 3	67.79	L_6	0.364 2	42.32

续　表

样本	概率参数值 $P(K_i)$	测度值 Z_i	样本	概率参数值 $P(K_i)$	测度值 Z_i
H_7	0.554 8	64.47	L_7	0.478 8	55.64
H_8	0.624 7	72.60	L_8	0.542 1	63.00
H_9	0.384 2	44.65	L_9	0.358 1	41.62
H_{10}	0.621 4	72.21	L_{10}	0.287 7	33.43

5.3.5　水知识存量的概率推理、排序及解释

本部分的目的在于对受调查者的水知识存量测度的结果进行概率推理、排序和解释，以期反映出受调查者大概的水知识存量水平。考虑到总调查样本量较多（472 份），会占据较多篇幅，因此，本研究未完全展示公民水知识存量测度概率推理和排序后的结果，仅展示部分数据。

5.3.5.1　概率推理结果

将所有统一量纲后的数据代入已完成有效性测试的基于模糊识别的贝叶斯网络水知识存量基础测度模型，根据已构建完成的贝叶斯网络拓扑结构和完成计算的概率参数，对全数据集进行概率推理，计算出河南省公民水知识存量概率值，结果如表 5-9 所示，此表格中仅展示推理得到的概率值，并未展示测度值。

表 5-9　测试数据集的水知识存量概率值

测试数据集编号	水知识存量概率值 $P(K_i)$	测试数据集编号	水知识存量概率值 $P(K_i)$
1	0.589 6	251	0.657 8
2	0.732 1	252	0.781 6
3	0.632 8	253	0.584 7
4	0.372 4	254	0.498 5

测试数据集编号	水知识存量概率值 $P(K_i)$	测试数据集编号	水知识存量概率值 $P(K_i)$
5	0.450 1	255	0.421 1
…	…	…	…
51	0.624 7	301	0.502 1
52	0.341 9	302	0.552 0
53	0.574 8	303	0.691 2
54	0.751 4	304	0.710 9
55	0.515 8	305	0.576 6
…	…	…	…
101	0.399 0	355	0.678 5
102	0.563 0	356	0.743 3
103	0.649 3	357	0.575 7
104	0.413 9	358	0.402 1
105	0.492 0	359	0.644 4
…	…	…	…
151	0.812 0	401	0.477 2
152	0.516 8	402	0.659 3
153	0.614 4	403	0.346 0
154	0.754 8	404	0.510 2
155	0.685 9	405	0.293 4
…	…	…	…

续　表

测试数据集编号	水知识存量概率值 $P(K_i)$	测试数据集编号	水知识存量概率值 $P(K_i)$
201	0.573 2	468	0.385 9
202	0.522 1	469	0.580 1
203	0.287 6	470	0.422 2
204	0.711 1	471	0.705 4
205	0.377 3	472	0.615 5

　　根据测试数据集中的水知识存量概率值结果，使用柱状图的形式进行展示，更加易于对水知识存量测度结果的对比，如图 5-6 所示。

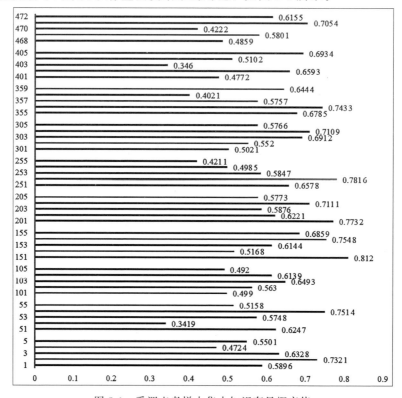

图 5-6　受调查者样本集水知识存量概率值

5.3.5.2 河南省公民水知识存量测度排序

将全数据集的结果按照从大到小的顺序进行排序，结果如表 5-10 所示，排序序号按照 1~472 进行排列，原始编号为全数据集获取数据时的编号。显示的数据为表 5-9 中所有数据，未展示出的隐藏数据均用"…"表示。

表 5-10　测试数据集的水知识存量概率值及测度值排序结果

排序编号	原始编号	概率值 $P(K_i)$	测度值 Z_i	排序编号	原始编号	水知识存量 $P(K_i)$	测度值 Z_i
8	151	0.812	94.36	169	203	0.587 6	68.29
…	…	…	…	177	253	0.584 7	67.95
19	252	0.781 6	90.83	…	…	…	…
…	…	…	…	183	469	0.580 1	67.41
28	201	0.773 2	89.85	…	…	…	…
…	…	…	…	189	205	0.577 3	67.09
34	154	0.754 8	87.82	…	…	…	…
…	…	…	…	195	305	0.576 6	67.01
38	54	0.751 4	87.32	…	…	…	…
…	…	…	…	198	357	0.575 7	66.90
42	356	0.743 3	86.38	…	…	…	…
…	…	…	…	201	53	0.574 8	66.80
48	2	0.732 1	85.08	…	…	…	…
…	…	…	…	209	102	0.563	65.43
54	204	0.711 1	82.64	…	…	…	…
55	304	0.710 9	82.61	211	302	0.552	64.15
…	…	…	…	…	…	…	…
61	471	0.705 4	81.98	219	5	0.550 1	63.93
…	…	…	…				

续　表

排序编号	原始编号	概率值 $P(K_i)$	测度值 Z_i	排序编号	原始编号	水知识存量 $P(K_i)$	测度值 Z_i
69	405	0.693 4	80.58	⋯	⋯	⋯	⋯
⋯	⋯	⋯	⋯	277	152	0.516 8	60.06
72	303	0.691 2	80.33	⋯	⋯	⋯	⋯
⋯	⋯	⋯	⋯	291	55	0.515 8	59.94
79	155	0.685 9	79.71	⋯	⋯	⋯	⋯
⋯	⋯	⋯	⋯	312	404	0.510 2	59.29
83	355	0.678 5	78.85	⋯	⋯	⋯	⋯
⋯	⋯	⋯	⋯	344	301	0.502 1	58.35
95	402	0.659 3	76.62	⋯	⋯	⋯	⋯
⋯	⋯	⋯	⋯	353	101	0.499	57.99
101	251	0.657 8	76.44	⋯	⋯	⋯	⋯
⋯	⋯	⋯	⋯	362	254	0.498 5	57.93
110	103	0.649 3	75.46	⋯	⋯	⋯	⋯
⋯	⋯	⋯	⋯	375	105	0.492	57.18
114	359	0.644 4	74.89	⋯	⋯	⋯	⋯
⋯	⋯	⋯	⋯	390	468	0.485 9	56.47
121	3	0.632 8	73.54	⋯	⋯	⋯	⋯
⋯	⋯	⋯	⋯	411	401	0.477 2	55.46
129	51	0.624 7	72.60	⋯	⋯	⋯	⋯
⋯	⋯	⋯	⋯	427	4	0.472 4	54.90
133	202	0.622 1	72.30	⋯	⋯	⋯	⋯
⋯	⋯	⋯	⋯	436	470	0.422 2	49.06
146	472	0.615 5	71.53	⋯	⋯	⋯	⋯

排序编号	原始编号	概率值 $P(K_i)$	测度值 Z_i	排序编号	原始编号	水知识存量 $P(K_i)$	测度值 Z_i
...	...	...	...	441	255	0.421 1	48.94
152	153	0.614 4	71.40	...	...	...	...
...	...	...	...	454	358	0.402 1	46.73
155	104	0.613 9	71.34	...	...	...	...
...	...	...	...	465	403	0.346	40.21
164	1	0.589 6	68.52	...	...	...	...
...	...	...	...	467	52	0.341 9	39.73
...	...	...	...				

5.3.5.3 结果分析与解释

基于 5.2.3 小节的模糊识别-贝叶斯网络测度模型的概率推理与解释定义，本研究根据前人的研究结果以及模糊识别水知识认知的程度系数（水知识存量水平的阈值），测度值 $Z_i > 81.35$（概率值 $P(K_i)$ 大于 0.7）表示公民掌握了水知识存量测度指标的基本知识点，测度值 $69.73 < Z_i < 81.35$（$0.6 < P(K_i) < 0.7$）表示公民基本清楚水知识存量测度指标的基本知识点，测度值 $60 < Z_i < 69.73$（$0.516\ 3 < P(K_i) < 0.6$）表示公民了解水知识存量测度指标的基本知识点，测度值 $46.48 < Z_i < 60$（$0.4 < P(K_i) < 0.516\ 3$）表示公民不太清楚水知识存量测度指标的基本知识点，测度值 $Z_i < 46.48$ 表示公民基本不知道或者仅仅了解较少的知识点。

根据水知识存量水平概率值最终呈现的计算结果可知，472 份样本集中测度值大于 81.35 的样本为 64 份，"掌握"水知识的样本所占比例为 13.55%；测度值 $69.73 < Z_i < 81.35$ 的样本为 96 份，"基本清楚"水知识的样本所占比例为 20.34%；测度值 $0.516\ 3 < Z_i < 69.73$ 的样本为 125 份，"了解"水知识的样本所占比例为 40.47%，因此当阈值设定为 0.516 3 时，受调查样本集中有 285 位（占比为 60.38%）的受访者具备"了解"以上水平的水知识存量，对公民水知识存量基础测度指标所包含的知识点了解较多，能够熟练掌握和识别大多数的水知识要点，达到中等以上水平。但处于"了解"水知识层面的人群占比较高（26.48%），因此仍需要加强对水知识的学习，补充自身对个别水

知识认知的不足，同时需经常与身边的人交流，促使水知识的有效传递，这样既能强化自身对水知识的掌握程度，同时也能够提升其他人的知识水平，实现水知识存量共同增长。此外，由于展示的数据集结果有限，因此该结果不一定能够反映整体的情况，但能够简单反映出目前我国大多数公民水知识水平较高。

测度值 Z_i 小于 60 且大于 46.48 的样本为 164 份，其对应的受访者水知识存量水平在"不太清楚"层面，对水知识存量测度指标的相关知识点整体认识程度较弱，可能对少量指标所涵盖的知识点根本不清楚，导致整体的水知识存量水平不高。这类人群需要针对性地对未涉及的知识点加强学习，并且强化认识较为模糊的知识点，提升水知识存量水平；测度值 $Z_i < 46.48$ 的样本量为 23（占比为 4.87%），表明有 23 位受调查者基本没有掌握一定量的水知识点，大多数的知识点根本不了解或者未曾接触过，导致整体的水知识存量水平较低。这一类的人群所呈现出的结果较为特殊，可能他们对水知识这一概念的认知较少，也可能是此人群的知识文化水平普遍较低，仅仅能够了解一些生活层面的知识点。因此，需要加强对水知识学习的宣传工作，强化这类人群对水知识的认知，拓展其对水的认知广度，以期能够了解更多层面的水知识。同时相关部门需要重点关注知识文化水平较低的成年人，针对性地制定此类人群的水知识普及政策和加大水知识推广力度，切实做到快速提升公民的水知识存量水平。

5.4 本章小结

本章主要提出了一种基于模糊识别的贝叶斯网络模型水知识存量测度方法，首先根据公民水知识存量测度指标体系构建了贝叶斯网络拓扑结构；其次，基于模糊集理论，以受调查者的模糊知识认知识别和专家学者的模糊知识重要性程度识别来获取数据并计算得到模糊综合概率；再次，将模糊综合概率作为贝叶斯网络模型的先验概率，采用贝叶斯网络节点训练学习，获取各级测度指标的后验概率值，并完成了模型有效性测试；最后，根据构建的模型对测试样本集中的公民水知识存量概率值进行推理、排序和解释，完成公民水知识存量的基础测度，为后续公民水知识增量测度奠定了基础。

6　基于属性概率集值的粗糙集水知识增量测度研究

公民个体拥有的水知识既是无形的，无法直接进行测度，又是有关联的，需要识别和评估表明水知识存在于个体内部的特征或某些属性来实现水知识增量的测度。因此，本研究借助水知识的增量规律以及增量测度指标的选择，通过探索性文献分析和验证性专家访谈方法，以第 4 章得到的水知识存量基础测度指标为基础，更新与优化后形成测度水知识增量的指标体系，采用基于属性概率集值的动态粗糙集水知识增量测度方法，完成公民水知识增量测度，以期发现在特定时间段内公民的水知识增长状况，有效把握公民水知识变化的基本趋势。

6.1　基于粗糙集理论的知识增量更新理论与方法

当前对于知识增量的研究和应用主要集中在静态的知识形成系统，即某个知识系统中的属性集保持不变，仅对象发生变化。但实际上真实数据源具有动态特性，测度对象的数据量在维度和属性上都在增长或者更新。为保持知识的有效性动态数据，需制定有针对性的增量策略来更新知识系统，准确测度一段时间段内知识的变化量。本部分借鉴前人研究，梳理目前针对对象集的变化的知识增量更新研究方法，归纳总结了知识体系中增量模型构建方法及其具体算法，其主要特点是利用矩阵来计算支持度、精度和覆盖范围，从而获得有实际意义和价值的知识变化特点。该方法的拓展为本研究提出新方法奠定了数学基础，亦可通过对比直观发现本研究提出方法的创新之处。

6.1.1　基于粗糙集理论的知识增量更新理论

粗糙集理论是 Pawlak 于 1982 年提出的一种用于表达不确定性和从数据中挖掘知识的广义概率模型，是通过不确定性建模来分类学习处理不同类型数据的计算工具[277]，可使用粗略概念，即用一对近似值来描述的特点而被广泛应用于机器学习、人工智能、数据挖掘、模式识别等领域。本部分根据文献[278-282]对基于知识系统的粗糙集相关定义进行总结回顾。

定义 6.1：对于知识系统 $K = \langle U, \mathrm{AT}, V, f \rangle$，其中 $U = \{x_i \mid i \in (1, 2, \cdots, k)\}$ 是一个非空有限对象集，称为域；$\mathrm{AT} = C \bigcup D (C \bigcap D \neq \varnothing)$ 是一个非空有限集，其中 C 和 D 分别表示条件属性集和决策属性集；$U/C = \{X_1, X_2, \cdots, X_m\}$ 是对象属性集 C 下的划分，$U/D = \{D_1, D_2, \cdots, D_n\}$ 是对象在决策集 D 下的划分，$V = \bigcup\limits_{a \in \mathrm{AT}} V_a$ 表示 a 属性域的并集，其中 V_a 是属性 a 的域；f 是 $U \times \mathrm{AT} \to V$ 的信息函数，其中 $\forall a \in \mathrm{AT}$，$x_i \in U$，$f(x_i, a) \in V_a$。等价关系是粗糙集理论的基本概念，可被用于在知识系统中构建域的知识粒（亦可称为：信息颗粒）系统。

定义 6.2：对于给定的知识系统，任意属性集 $\mathrm{AT} = C \bigcup D$，$C$ 是相应的条件属性集。当 $B \subseteq C$ 时，二元等价关系 R_B 的定义如下：

$$R_B = \{(x, y) \in U \times U \mid f(x, b) = f(y, b), \ \forall b \in B\} \quad (6.1)$$

基于等价关系 R_B，域 U 被不同的等价类划分，即 $U/R_B = \{[x]_{R_B} \mid x \in U\}$，$[x]_{R_B}$ 表示 x 相对于 R_B 确定的等价类，其中 $[x]_{R_B} = \{y \in U \mid (x, y) \in R_B\}$。等价类可以看作描述分类能力的全集知识粒，系统内知识越多，等价类划分越细；知识越少，等价类划分越粗。

定义 6.3：粗糙集理论常利用粒视图来描述不确定性概念，多用上下近似来表示。对于 $\forall X \subseteq U$ 和 $B \subseteq C$，X 相对于等价关系 R_B 分别定义为

$$\begin{cases} \underline{R_B}[X] = \{x \mid [x]_{R_B} \subseteq X\} \\ \overline{R_B}[X] = \{x \mid [x]_{R_B} \bigcap X \neq \varnothing\} \end{cases} \quad (6.2)$$

根据上下近似，X 的正（positive）、负（negative）、边界（boundary）区域定义如下：

$$\begin{cases} P_B(X) = \underline{R_B}(X) \\ N_B(X) = U - \overline{R_B}(X) \\ \mathrm{BOU}_B(X) = \overline{R_B}(X) - \underline{R_B}(X) \end{cases} \quad (6.3)$$

根据上述定义，正区域可解释为 $P_B(X)$ 中的对象肯定属于等价类 X，负区域可以解释为 $N_B(X)$ 中的对象肯定不属于等价类 X；边界区域可以解释为 $\mathrm{BOU}_B(X)$ 中的对象可能属于等价类 X。

由于矩阵形式具有直观描述、简化计算和易于维护的优点，故被广泛用于粗略数据分析，与粗糙集理论的观点具有相同之处。相关学者将矩阵形式代入了知识增量更新方法中，因此本部分旨在介绍粗糙集理论的矩阵表示，以此来简化计算过程，为下文研究方法的设计奠定基础。具体的定义如下：

定义 6.4：给定的知识系统 $K = \langle U, C \cup D, V, f \rangle$ 且 $C \cap D \neq \varnothing$，$U/C = \{X_1, X_2, \cdots, X_m\}$ 是对象在条件属性 C 下的划分，其中 $X_i(i = 1, 2, \cdots, m)$ 表示条件等价类；$U/D = \{D_1, D_2, \cdots, D_m\}$ 是对象在决策属性 D 下的划分，其中 $D_j(j = 1, 2, \cdots, n)$ 是决策等价类。$\forall X_i \subseteq U/C$，$\forall D_j \subseteq U/D$，分别定义如下：

$X_i \rightarrow D_j$ 的支持度（support）：$\mathrm{Sup}(D_j \mid X_i) = |X_i \cap D_j|$；

$X_i \rightarrow D_j$ 的准确度（accuracy）：$\mathrm{Acc}(D_j \mid X_i) = |X_i \cap D_j| / |X_i|$；

$X_i \rightarrow D_j$ 的覆盖率（coverage）：$\mathrm{Cov}(D_j \mid X_i) = |X_i \cap D_j| / |D_j|$。

其中，$|X_i|$ 和 $|D_j|$ 分别表示 X_i 和 D_j 的基数，满足的基本性质：给定集合 R_1 和 R_2，$|R_1| + |R_2| = |R_1 + R_2| = |R_1 \cup R_2|$（$R_1$ 和 R_2 不相交），基数积是 $|R_1||R_2| = |R_1 \times R_2|$，其中 $R_1 \times R_2$ 是 R_1 和 R_2 的笛卡儿积，也满足一些普通的算数运算特质。本研究中基数被用于属性等价类集合在矩阵体现的数值。考虑到现实研究中一般具有大量的数据集，因此选择利用矩阵来简化问题。具体的支持度矩阵、准确度矩阵、覆盖率矩阵及其命题定义如下：

$$\mathrm{Sup}(D \mid X) = \begin{pmatrix} \mathrm{Sup}(D_1 \mid X_1) & \mathrm{Sup}(D_2 \mid X_1) & \cdots & \mathrm{Sup}(D_n \mid X_1) \\ \mathrm{Sup}(D_1 \mid X_2) & \mathrm{Sup}(D_2 \mid X_2) & \cdots & \mathrm{Sup}(D_n \mid X_2) \\ \vdots & \vdots & \vdots & \vdots \\ \mathrm{Sup}(D_1 \mid X_m) & \mathrm{Sup}(D_2 \mid X_m) & \cdots & \mathrm{Sup}(D_n \mid X_m) \end{pmatrix}$$

$$\mathrm{Acc}(D \mid X) = \begin{pmatrix} \mathrm{Acc}(D_1 \mid X_1) & \mathrm{Acc}(D_2 \mid X_1) & \cdots & \mathrm{Acc}(D_n \mid X_1) \\ \mathrm{Acc}(D_1 \mid X_2) & \mathrm{Acc}(D_2 \mid X_2) & \cdots & \mathrm{Acc}(D_n \mid X_2) \\ \vdots & \vdots & \vdots & \vdots \\ \mathrm{Acc}(D_1 \mid X_m) & \mathrm{Acc}(D_2 \mid X_m) & \cdots & \mathrm{Acc}(D_n \mid X_m) \end{pmatrix}$$

$$\mathrm{Cov}(D \mid X) = \begin{pmatrix} \mathrm{Cov}(D_1 \mid X_1) & \mathrm{Cov}(D_2 \mid X_1) & \cdots & \mathrm{Cov}(D_n \mid X_1) \\ \mathrm{Cov}(D_1 \mid X_2) & \mathrm{Cov}(D_2 \mid X_2) & \cdots & \mathrm{Cov}(D_n \mid X_2) \\ \vdots & \vdots & \vdots & \vdots \\ \mathrm{Cov}(D_1 \mid X_m) & \mathrm{Cov}(D_2 \mid X_m) & \cdots & \mathrm{Cov}(D_n \mid X_m) \end{pmatrix}$$

相关定义为

$\forall\,X_i\in U/C$，$\mathrm{Sup}(D_j\mid X_i)\geqslant 0$，$i=1,2,\cdots,m$，$j=1,2,\cdots,n$；

$\forall\,X_i\in U/C$，$0\leqslant\mathrm{Acc}(D_j\mid X_i)\leqslant 1$ 和 $\sum_{j=1}^{n}\mathrm{Acc}(D_j\mid X_i)=1$，$i=1,2,\cdots,m$；

$\forall\,D_j\in U/C$，$0\leqslant\mathrm{Cov}(D_j\mid X_i)\leqslant 1$ 和 $\sum_{i=1}^{m}\mathrm{Cov}(D_j\mid X_i)=1$，$j=1,2,\cdots,n$。

根据上述矩阵和定义的描述，可知三个矩阵的关系：

$$\mathrm{Acc}(D_j\mid X_i)=\frac{\mathrm{Sup}(D_j\mid X_i)}{\sum_{j=1}^{n}\mathrm{Sup}(D_j\mid X_i)}，\mathrm{Cov}(D_j\mid X_i)=\frac{\mathrm{Sup}(D_j\mid X_i)}{\sum_{i=1}^{m}\mathrm{Sup}(D_j\mid X_i)}$$

支持度矩阵、准确度矩阵和覆盖率矩阵可从获取的数据集中提取有用的规则属性和增加的知识。一般而言，准确度高和覆盖率高的信息可作为知识增加的一种，因此有必要为准确度和覆盖率设定有效的阈值范围以确定知识的获取。

定义 6.5[278]：对于 $\forall\,X_i(i=1,2,\cdots,m)$，$\forall\,D_j(j=1,2,\cdots,n)$，如果 $\mathrm{Acc}(D_j\mid X_i)\geqslant\alpha$ 且 $\mathrm{Cov}(D_j\mid X_i)\geqslant\beta$，则表示 $X_i\to D_j$ 获取了有效知识，其中 $\alpha\in(0,1)$，$\beta\in(0,1)$。

6.1.2 基于粗糙集理论的知识增量更新方法

基于矩阵的粗糙集理论对于知识表示和计算具有直观性和简单性，在复杂数据的问题解决和数据分析中发挥着重要作用[283-284]。本部分主要介绍一种渐进性知识增量更新算法，主要参考文献 [278-279]，作为本章提出的基于属性概率集值的粗糙集水知识增量测度方法的对比，可直观发现提出的测度方法的优势和可行性。

当知识系统中的知识发生变化，如上文定义即对象集随时间发生变化，属性集保持不变。假设知识增量的产生过程是从 t 到 $t+1$ 时刻，描述 t 时刻对象集的完整知识系统可表示为：$K_s=\langle U,C\bigcup D,V,f\rangle$ 且 $C\bigcap D\neq\varnothing$，$U$ 是在 t 时刻的非空有限对象集，$U/C=\{X_1,X_2,\cdots,X_m\}$ 是对象在 C 条件属性下的划分，其中 $X_i(i=1,2,\cdots,m)$ 是条件等价类；$U/D=\{D_1,D_2,\cdots,D_m\}$ 是 D 决策属性下的对象分区，其中 $D_j(j=1,2,\cdots,n)$ 是决策等价类。在 $t+1$ 时刻，由于对象集发生变化，一部分知识进入系统，原信息系统 $K'_s=\langle U',C'\bigcup D',V',f'\rangle$，根据定义 6.4 可知，在 t 和 $t+1$ 时刻的准确度矩阵和覆盖率矩阵分别表示为 $\mathrm{Acc}_t(D_j\mid X_i)$ 和 $\mathrm{Acc}_{t+1}(D'_j\mid$

$X'_i)$、$\mathrm{Cov}_t(D_j \mid X_i)$ 和 $\mathrm{Cov}_{t+1}(D'_j \mid X'_i)$。

根据定义 6.5，在 t 时刻，$\mathrm{Acc}(D_j \mid X_i) \geqslant \alpha$ 且 $\mathrm{Cov}(D_j \mid X_i) \geqslant \beta$ 时，则表示 $X_i \rightarrow D_j$ 是在 t 时刻获取的有效知识（具备的知识存量），在 $t+1$ 时刻，$\mathrm{Acc}_{t+1}(D'_j \mid X'_i) \geqslant \alpha$ 且 $\mathrm{Cov}_{t+1}(D'_j \mid X'_i) \geqslant \beta$ 时，此时 α，β 的值在矩阵中发生了变化，则表示 $X'_i \rightarrow D'_j$ 在 $t+1$ 时刻内知识增量的更新。根据上述理论描述，该方法首先构建了基于粗糙集理论的知识增量学习模型（对象集随随时间变化，属性集不变），提出了多个对象进入和退出知识系统时，知识增量发生的变化。

6.1.2.1 知识增量更新方法

根据上述方法的介绍，以相关定义为基础总结了知识增量更新的方法。假设在 $t+1$ 时刻 M 个对象进入和 N 个对象离开知识系统，将 N 个转移对象集合表示为 U_N，M 个转移对象集合表示为 U_M。当一个新的对象 $\vec{X}$（"$\rightarrow$" 表示进入）进入知识系统，对于 $\forall \vec{X} \in M$ 可能发生四种情形：

① $\vec{X}$ 进入知识系统生成一个新的条件等价类和一个新的决策等价类，满足 $\forall X \in U$，$\forall a \in C$，$f(\vec{X}, a) \neq f(X, a)$ 且 $\forall X \in U$，$\forall d \in D$，$f(\vec{X}, d) \neq f(X, d)$。

② $\vec{X}$ 进入知识系统仅生成一个新的条件等价类，满足 $\forall X \in U$，$\forall a \in C$，$f(\vec{X}, a) \neq f(X, a)$ 且 $\exists X \in U$，$\forall d \in D$，$f(\vec{X}, d) \neq f(X, d)$。

③ $\vec{X}$ 进入知识系统仅形成一个新的决策等价类，满足 $\exists X \in U$，$\forall a \in C$，$f(\vec{X}, a) = f(X, a)$ 且 $\forall X \in U$，$\forall d \in D$，$f(\vec{X}, d) \neq f(X, d)$。

④ $\vec{X}$ 进入知识系统不生成新的条件等价类和决策等价类，满足 $\exists X \in U$，$\forall a \in C$，$f(\vec{X}, a) = f(X, a)$ 且 $\exists X \in U$，$\forall d \in D$，$f(\vec{X}, d) = f(X, d)$。

同理，在 $t+1$ 时刻 N 个对象离开知识系统。对于 $\forall \overleftarrow{X} \in N$（"$\leftarrow$" 表示离开），会出现以上类似的四种情况，同时也有可能改变由 $\vec{X}$ 进入知识系统发生变化的等价类。

基于上述讨论，除情形④既不生成新的条件等价类和决策等价类外，将另三种情形进行归类。情形①和②生成了新的条件等价类，情形①和③生成了新的决策等价类。当 M 个对象进入知识系统之后，生成 p 个新条件等价类，记为：X_{m+1}，X_{m+2}，$\cdots$，X_{m+p}；生成 q 个新决策等价类，记为：D_{n+1}，D_{n+2}，$\cdots$，D_{n+q}。当 N 个对象离开知识系统，减少的条件等价类为：$X_i (i = 1，2，\cdots，m)$。由此可计算其基数：

$$\begin{cases} M_i = \sum_{j=1}^{n+q} M_{ij}，\\ M = \sum_{i=1}^{m+p} M_i = \sum_{i=1}^{m+p} \sum_{j=1}^{n+q} M_{ij}，\\ N_i = \sum_{j=1}^{n} N_{ij}，\\ N = \sum_{i=1}^{m} N_i = \sum_{i=1}^{m} \sum_{j=1}^{n} N_{ij} \end{cases} \tag{6.4}$$

其中，M_{ij} 表示 M_i 个进入知识系统的条件等价类 X_i 和决策等价类 D_j 的变化；N_{ij} 表示 N_i 个对象退出知识系统的条件等价类 X_i 和决策等价类 D_j 的变化。在 t 时刻的条件等价类为 $U/C = \{X_1，X_2，\cdots，X_m\}$，决策等价类为 $U/D = \{D_1，D_2，\cdots，D_m\}$，在 $t + 1$ 时刻的条件等价类为 $U'/C' = \{X'_1，X'_2，\cdots，X'_m，\cdots，X'_{m+p}\}$，决策等价类为 $U'/D' = \{D'_1，D'_2，\cdots，D'_n，\cdots，D'_{n+q}\}$。$X_i$ 和 X'_i 均是指相同的条件等价类，其唯一的区别是基数（见定义 6.4）不同，对于决策等价类也具有同样的性质。在 t 和 $t + 1$ 时刻的条件等价类和决策等价类之间的关系如下：

$$|X'_i| = \begin{cases} |X_i| + M_i - N_i，i \in \{1,2,\cdots,m\} \\ M_i，i \in \{m+1,m+2,\cdots,m+p\} \\ 0，\text{from}(t \to t+1)，X'_{i^*} = X_i，i^* \in \{1,2,\cdots,m\} \end{cases} \tag{6.5}$$

$$|D'_i| = \begin{cases} |D_j| + \sum_{i=1}^{m+p} M_{ij} - \sum_{i=1}^{n} N_{ij}，j \in \{1,2,\cdots,n\} \\ \sum_{i=1}^{n+q} M_{ij}，j \in \{n+1,n+2,\cdots,n+q\} \\ 0，\text{from}(t \to t+1)，D'_{j^*} = D_j (j^* \in \{1,2,\cdots,n\}) \end{cases} \tag{6.6}$$

根据定义可知，矩阵 $\text{Acc}(D'_j | X'_{i^*})$ 和 $\text{Cov}(D'_j | X'_{i^*})$ 的第 i^* 行均为 0，同理，矩阵 $\text{Acc}_{t+1}(D' | X')$ 和 $\text{Cov}_{t+1}(D' | X')$ 的第 j^* 行也为 0。基于上

述讨论与分析，通过构建矩阵来描述知识更新的整个过程，具体内容如下。

如定义 6.4 所述，在时间为 t 时，支持度矩阵描述了 $X_i \rightarrow D_j$ 的基数分布，此时将原来的 $m \times n$ 的矩阵扩展成 $(m+p) \times (n+q)$ 的矩阵；当时间为 $t+1$ 时，有 M 个对象进入和 N 个对象退出知识系统，结合公式（6.5）和（6.6）定义了新的增量矩阵：

$$Z_{t \to t+1}(D \mid X) = \begin{pmatrix} M_{1,1}-N_{1,1} & \cdots & M_{1,n}-N_{1,n} & M_{1,n+1} & \cdots & M_{1,n+q} \\ M_{2,1}-N_{2,1} & \cdots & M_{2,n}-N_{2,n} & M_{2,n+1} & \cdots & M_{2,n+q} \\ \vdots & & \vdots & & \vdots & & \vdots \\ M_{m,1}-N_{m,1} & \cdots & M_{m,n}-N_{m,n} & M_{m,n+1} & \cdots & M_{m,n+q} \\ M_{m+1,1}-N_{m+1,1} & \cdots & M_{m+1,n}-N_{m+1,n} & M_{m+1,n+1} & \cdots & M_{m+1,n+q} \\ \vdots & & \vdots & & \vdots & & \vdots \\ M_{m+p,1} & \cdots & M_{m+p,n}-N_{m+p,n} & M_{m+p,n+1} & \cdots & M_{m+p,n+q} \end{pmatrix}$$

（6.7）

根据上述介绍以及增量矩阵之间的关系可推导出在 $t+1$ 时刻的支持度矩阵为

$$\mathrm{Sup}_{t+1}(D \mid X) = \mathrm{Sup}_t(D \mid X) + Z_{t \to t+1}(D \mid X)$$

$$= \begin{pmatrix} |X_1 \bigcap D_1|+M_{1,1}-N_{1,1} & \cdots & |X_1 \bigcap D_n|+M_{1,n}-N_{1,n} & M_{1,n+1} & \cdots & M_{1,n+q} \\ |X_2 \bigcap D_1|+M_{2,1}-N_{2,1} & \cdots & |X_2 \bigcap D_n|+M_{2,n}-N_{2,n} & M_{2,n+1} & \cdots & M_{2,n+q} \\ \vdots & & \vdots & & \vdots & & \vdots \\ |X_m \bigcap D_n|+M_{m,1}-N_{m,1} & \cdots & |X_m \bigcap D_n|+M_{m,n}-N_{m,n} & M_{m,n+1} & \cdots & M_{m,n+q} \\ M_{m+1,1}-N_{m+1,1} & \cdots & M_{m+1,n}-N_{m+1,n} & M_{m+1,n+1} & \cdots & M_{m+1,n+q} \\ \vdots & & \vdots & & \vdots & & \vdots \\ M_{m+p,1} & \cdots & M_{m+p,n}-N_{m+p,n} & M_{m+p,n+1} & \cdots & M_{m+p,n+q} \end{pmatrix}$$

（6.8）

矩阵（6.8）描述了知识系统对象变化导致的知识变化。根据矩阵（6.6）、（6.7）、（6.8）以及 t 时刻的准确度 $\mathrm{Acc}_t(D_j \mid X_i) = |X_i \bigcap D_j| / |X_i|$ 和覆盖率 $\mathrm{Cov}_t(D_j \mid X_i) = |X_i \bigcap D_j| / |D_j|$（$i=1, 2, \cdots, m$，$j=1, 2, \cdots, n$），可以计算出 $t+1$ 时刻的准确度和覆盖率：

$$
\begin{cases}
\mathrm{Acc}_{t+1}(D'_j \mid X'_i) = \dfrac{\mid X'_i \bigcap D'_j \mid}{\mid X'_i \mid} \\
\qquad = \dfrac{\mid X_i \mid}{\mid X_i \mid + M_i - N_i} \cdot \mathrm{Acc}_t(D_j \mid X_i) \\
\qquad\quad + \dfrac{M_{ij} - N_{ij}}{\mid X_i \mid + M_i - N_i} \\
\mathrm{Cov}_{t+1}(D_j \mid X_i) = \dfrac{\mid X'_i \bigcap D'_j \mid}{\mid D'_i \mid} \\
\qquad = \dfrac{\mid D_j \mid}{\mid D_j \mid + \sum\limits_{i=1}^{m+p} M_{ij} - \sum\limits_{i=1}^{m} M_{ij}} \cdot \mathrm{Cov}_t(D_j \mid X_i) \\
\qquad\quad + \dfrac{M_{ij} - N_{ij}}{\mid D_j \mid + \sum\limits_{i=1}^{m+p} M_{ij} - \sum\limits_{i=1}^{m} M_{ij}}
\end{cases}
\tag{6.9}
$$

公式（6.9）则显示了 t 和 $t+1$ 时刻之间的准确度和覆盖率的关系，揭示了矩阵之间的内在联系。

6.1.2.2 动态知识增量更新方法的实现

动态知识增量更新方法是基于 6.1.2.1 小节中描述的模型，使用一个增量矩阵来表示对象集的变化过程，并且更新方法采纳的矩阵可以直接由增量矩阵（$Z_{t \to t+1}(D \mid X)$）来计算。因此，挖掘增量矩阵中的非零 M_{ij} 和 N_{ij} 是知识增量方法的核心。时间从 t 到 $t+1$，对象集发生变化时，即有单个或多个对象进入或离开知识系统，检查增量矩阵中的行或列是否发生变化，以此来更新准确度矩阵和覆盖率矩阵。

Step 1：分别计算 t 时刻的支持度矩阵、准确度矩阵和覆盖率矩阵：

$$
\begin{cases}
\mathrm{Sup}_t(D \mid X) = \{\mathrm{Sup}_t(D_j \mid X_i)\}_{m \times n} \\
\mathrm{Acc}_t(D \mid X) = \{\mathrm{Acc}_t(D_j \mid X_i)\}_{m \times n} \\
\mathrm{Cov}_t(D \mid X) = \{\mathrm{Cov}_t(D_j \mid X_i)\}_{m \times n}
\end{cases}
$$

Step 2：构造 $t+1$ 时刻的增量矩阵并计算支持度矩阵 $\mathrm{Sup}_{t+1}(D' \mid X') = \{\mathrm{Sup}_{t+1}(D'_j \mid X'_j)\}_{(m+p) \times (n+q)}$，然后通过算法 1 计算 $t+1$ 时刻的准确度矩阵和覆盖率矩阵，即 $\mathrm{Acc}_{t+1}(D' \mid X') = \{\mathrm{Acc}_{t+1}(D'_j \mid X'_j)\}_{(m+p) \times (n+q)}$ 和 $\mathrm{Cov}_{t+1}(D' \mid X') = \{\mathrm{Cov}_{t+1}(D'_j \mid X'_j)\}_{(m+p) \times (n+q)}$。

Step 3：构建 t 时刻规则 $X_i \to D_j$ 和 $t+1$ 时刻规则 $X'_i \to D'_j$ 所对应的二

维属性值，基于此可描述不同时期规则变化所引起的知识变化，实现动态知识增量计算。此过程可采用算法来呈现，鉴于本部分是为了展示基于粗糙集理论的动态知识增量更新方法，不需要实际操作，故未总结具体的算法。

上述研究方法拓展为本章提出水知识增量测度研究方法奠定了数理基础。本研究提出的方法是以粗糙集理论中的准确度、覆盖率等相关概念为基础，对现有方法进行对比和优化，引入了概率集值、容差关系、条件属性集变化但对象集不发生变化等不同的创新点，并以条件属性和决策属性的集合来计算水知识生成规则的准确性和覆盖率，创造性地提出符合本研究主题的新测度方法，实现水知识增量的动态测度。

6.2 水知识存量测度指标的更新和优化方法

知识增量是组织或个人在某个时间段学习并掌握知识的变化量。水知识增量测度研究的前提是对先前的水知识存量测度指标进行更新与优化，以此挖掘公民在经过一定时间学习后所掌握的水知识量，从而测度特定时间段公民的水知识增量。因此，本部分基于第4章的水知识存量基础测度指标，考虑知识吸收能力理论中应用于个人对于新知识获取、消化、转换和利用以及知识增长理论汇总利用并共享现有知识，又吸收转化新的知识为基础，通过资料整理与专家访谈对指标进行更新，总结出更全面且符合当前水知识现状的水知识存量基础测度指标，形成初步的知识增量测度指标体系。本研究还提出了基于信息贡献率的测度指标优化模型，对最新形成的知识增量测度指标体系进行优化，形成最终的水知识增量基础测度指标体系。

6.2.1 水知识存量测度指标更新基本思路及原则

于水知识增量测度而言，其测度的对象是个体，可定义为公民的水知识在特定时间段内，在水知识存量的基础上所增加的知识量。由知识的不确定性、分散性和复杂性特征可知水知识增量是动态变化的，能够随着时间的推移以一种特殊的方式逐渐积累，将旧的水知识理论在新环境和不同外部条件作用下，不断地融合和拓展，产生新的水知识理论与陈述，并通过现实观察和实测验证确认其有效性，从而产生水知识存量的增长。

随着水知识的相关研究与实践不断发展，知识重点和可量化的标准也会发生变化。在测度指标运行过程中，会不断有新知识点与相关标准出台，因此，需要对原始测度指标进行补充和完善。测度指标在对公民水知识水平测度的实践中也会出现一些问题，如指标选取不具有普适性，反映的标准偏高，导致指标可达性弱；或测度指标选取标准偏低，不符合时代发展的需求，导致测度结果滞后，无法准确反映公民的水知识增量。因此，在保证测度结果科学合理的前提下，应根据外部社会与环境变化的要求和公民实际情况，及时对基础测度指标进行更新与优化，保证所有测度指标的时效性、先进性与可达性。

目前对于水知识增量的测度指标处于探索阶段，本研究综合考虑知识变化的时序性以及知识增长理论，从知识的增加、更新或冗余三方面对水知识增量测度指标体系做进一步探索。一是增加新的知识。知识积累应该包含两个过程：内部知识创造和外部知识吸收[240]。内部知识创造是在一个连续的知识循环系统中，组织或个人在现有的知识储备基础上，对新知识的创造、处理、传播和展示[241]。外部知识吸收的发生条件是一定的环境下组织或个人对外部知识进行转移和整合，完成与外部信息的交换，并通过吸收能力的发展从外部环境中获取新知识，从而实现新知识增长。二是更新旧的知识。组织或个人在面临环境的变化时，对原有的知识进行实时更新和升级，用符合环境变化的新知识替代陈旧的知识，始终保持对新知识的认知。知识主体会在时间段内通过持续学习、不断创新等方式，不断对原有的知识储备进行更新以符合知识时代的发展。三是知识的冗余。知识老化是知识时效性的一种表现，知识的"新陈代谢"也是现代科学技术发展的显著特点。一些知识或相应的载体随着时间的推移会导致其在增长的动态过程中逐渐老化或无用，称之为冗余知识。知识的冗余对节点知识或者整体知识储备而言是消极且无用的，它不但影响了知识传播效率，还影响了知识创新。本研究根据水知识的动态变化，从以上三个方面梳理水知识的动态变化，挖掘符合实时情境的水知识增量基础测度指标。

水知识增量测度指标需要以原始水知识存量指标为基础，对测度指标进行更新以反映出指标的变化。具体的原则为：①水知识增量测度指标要以公民为主要测度对象，不同的测度对象存在城乡差距、地域差距、文化差距等，在更新测度指标时要考虑其普适性；②不同的时间点，公民对水知识的认知程度差异较大，需考虑新时代的水知识普及状况和要求，着眼未来一定时间段满足水知识测度的基本需求；③水知识是一个系统，也是一个整体，水知识测度指标更新要满足各指标既相辅相成，又各自独立，以使得各指标携带的信息量不会出现重叠。测度指标的优点在于具有较好的可解释性、简化的建模、较短的学习时间以及增强的泛化能力等[242-243]，剔除重要程度较低或相关性较高的因素而不会损失准确性，从而实现最优测度指标体系的构建。

基于上述研究思路，本部分以第 4 章构建的水知识存量测度指标体系为基础，梳理分析有可能影响公民水知识增量的知识点，总结出符合当前水知识现状的知识增量基础测度指标。首先，通过访谈的方式对水知识存量基础测度指标进行初步筛选和更新，并对筛选和更新后的指标进一步分析和描述，形成初步的知识增量测度指标体系；其次，提出了基于信息贡献率的测度指标优化方法，并以问卷调查获取的评价数据对最新形成的水知识增量测度指标体系进行优化，形成最终的水知识增量影响指标体系。

6.2.2 水知识存量基础测度指标初步探索

知识增量可通过对具体对象的考察，增加对问题、事件以及人的思想、态度、行为产生和变化规律的了解；是对影响知识变化因素的认识；也是对重要社会现象所包含事物之间关系的了解[244]。本研究对于水知识增量测度主要以 t 时刻的水知识存量指标为基础，对 $t+1$ 时刻的水知识存量进行测度，将在此期间水知识的变化量称为水知识增量。水知识增量的测度也是以测度指标为基础，随时间的推移会引起测度指标的变化，因此在测度 $t+1$ 时刻的水知识增量时，需要对 t 时刻的指标体系进行更新，形成符合实时背景的测度指标体系。

由第 3 章和第 4 章的研究结果可知，在 t 时刻形成了 40 个基础测度指标，见表 4-4，各级指标按照所属类别进行逐级分类，形成了 t 时刻水知识存量测度指标体系，见表 6-1。在讨论 $t+1$ 时刻的指标变化时依然采用不同等级分类的方式且每一类别分别按照指标添加、修正和删除的维度展开分析，形成符合时代背景且完整的测度指标。通过咨询水知识相关领域学者以及水利部设定的水知识专栏相关资料，首先确定随时间改变不会发生变化的测度指标。如水基本性质（包含水的化学知识、物理知识、水对生命体的重要性等测度指标）、基本常识（科学的饮食知识、水的循环利用等测度指标）；其次是确定随时间变化需要修正的指标。如测度指标"环保部门的官方举报电话 12369"，目前各地区均会设立环保部门，其投诉举报电话也不同，因此将该指标更改为"环保部门的官方举报电话 12369 以及所在地水污染举报电话"；第三，确定随时

表 6-1　t 时刻水知识存量测度指标体系

一级	二级	三级	测度指标
水知识存量	资源与环境知识	水资源分布与特点相关知识	了解地球上水的分布状况（如地球总面积和陆地面积和海洋面积的百分比）；了解地球上主要的海洋和江河湖泊相关知识 V_{13}
			了解中国的水分布特点以及重要水系、雪山、冰川、湿地、河流和湖泊等 V_{30}
		水的可持续发展	知道水是生命之源、生态之基和生产之要，既要满足当代人的需求，又不损害后代人满足其需求的能力 V_{2}
			了解人类活动给水生态环境带来的负面影响，懂得应该合理开发荒山荒坡、合理利用草场、林场资源，防止过度放牧 V_{20}
			知道开发利用和回收并充分利用水资源，解决能源短缺的重要途径 V_{38}
			知道如何利用雨水 V_{14}
			知道水是人类赖以生存和发展的基础性和战略性自然资源，解决人水矛盾主要是通过调整人类的行为来实现 V_{40}
		水循环相关知识	了解人工增雨相关知识 V_{11}
			知道水在水循环过程中，水的时空分布不均造成洪涝、干旱等灾害 V_{12}
			自然界的水在太阳能和重力作用下形成水循环的方式（如蒸腾、降水、径流等）V_{15}
			知道中水回用是水资源可持续利用的重要方式 V_{28}
		水生态环境知识	了解水环境检测、治理及保护措施 V_{17}
			了解水环境容量的相关知识，知道水体容纳废物和自净能力有限，知道人类污染物排放速度不能超过水体自净速度 V_{18}
			了解水污染的类型、污染源与污染物的种类，以及控制水污染的主要技术手段 V_{24}
			知道定量开采地下水会造成地面沉降、地下水位降低、沿海地区海水倒灌等现象 V_{25}

续表

一级	二级	三级	测度指标
水知识存量	资源与环境知识	水生态环境知识	知道水生态环境的内部要素是相互依存的，同时与经济社会等其他外部因素也是相互关联的 V_{27} 知道污水必须经过适当处理达标后才能排入水体 V_{31} 知道环保部门的官方举报电话：12369 V_{35} 知道节约水可以保护水资源，减少污水排放，有益于保护环境 V_{36} 对水是不可再生水资源的认知（水生态系统一旦被破坏维恢复，且恢复水生态系统成本高、难度大、周期长）V_{39}
		水安全知识	洪灾、旱灾发生时应对措施 V_1 了解当地防洪、防旱基础设施概况以及当地雨洪特点 V_4 了解国内外重大水污染事件及其影响 V_8 知道使用深层的存在压力、高氟水会危害健康 V_{34}
水知识存量	安全与管理知识	水管理知识	了解当地个人生活用水定额并自觉控制用水量 V_3 了解地表水和污水规范、治理情况 V_5 实施河长制的目的（保护水资源、防治水污染、改善水环境、修复水生态的河湖管理保护机制，是维护河湖健康生命、实现河湖功能永续利用的重要制度保障）V_9 中国水利管理组织体系的职责和作用 V_{21} 了解国家按照"谁污染、谁保护、谁补偿"的原则，建立了水环境生态补偿政策体系 V_{23}
		水的商品属性相关知识	了解水价在水资源配置、水需求调节等方面的作用 V_{19} 了解水权制度、知道水资源属于国家所有，单位和个人可以依法依规使用和处置（税）V_{22} 主管部门颁发取水许可证并向国家缴纳水资源费 V_{26} 知道"阶梯水价"将水价分为两段或者多段，在每一分段内单位水价保持不变，但是单位水价会随着耗水量分段而增加

续表

一级	二级	三级	测度指标
水知识存量	节水知识	产业节水知识	了解工业节水的重要意义，知道工业生产节水水的标准和相关措施 V_7 农业灌溉系统、农业节水技术相关知识 V_{10}
		生活节水知识	知道节约用水要从自身做起，从点滴做起 V_{37}
水知识存量	水基础知识	水的主要性质	了解水的物理知识，如水的冰点与沸点、三态转化、颜色气味、硬度等 V_{16} 了解水的化学知识，如水的化学成分和化学式等 V_{29}
		水与生命的相关知识	掌握正确的饮水知识，不喝生水、最好喝温开水、成人每天需要喝水1 500～2 500 mL V_{32} 了解水对生命体的影响 V_{33}

间变化需要添加的测度指标。如我国颁布实施的《水效标识管理办法》，近两年才逐渐被应用于实践，因此将"识别国家节水标志和水效标识"添加于测度指标中；最后，对公民水知识增量初步探索得到的测度指标进行优化。如"知道水生态环境的内部要素是相互依存的，同时与经济社会其他外部因素也是相互关联的"，该指标旨在表示水生态环境与其他要素的关联性，对于公民水知识增量的贡献度有限，因此将其删除。详细的测度指标变化如下文所述，此外，基于第 4 章的研究结果，本部分对不发生变化指标的分析不再进行赘述。

6.2.2.1 修正的测度指标分析

水知识增量测度指标的更新需要考虑到随时间变化原始指标的可行性，能否涵盖当下水知识的各个维度。基于此，结合知识增长理论以及知识存量相关研究基础，对原始指标进行逐个筛查，对不符合新时代背景下的测度指标予以更新，以满足新时代的水知识要点需求，更新后的测度指标测度范围趋于完整。水知识存量测度修正的指标以及详细注释如表 6-2。

表 6-2　水知识存量测度修正指标及其注释

原始指标	修正后指标	注释
洪灾、旱灾发生时的应对措施（V_1）	对洪灾、旱灾的认识以及发生时的应对措施	提升对洪灾、旱灾的认识，可配合相关部门做好提前预防的准备，当遭遇灾害时能够快速做出应对措施
了解当地个人生活用水定额并自觉控制用水量（V_3）	了解区域实时更新的行业和生活用水定额	更新后的指标能动态反映出用水定额标准，且更新的标准能够根据不同区域经济发展状况及水资源量做出调整
知道在水循环过程中，水的时空分布不均造成洪涝、干旱等灾害（V_{12}）	水循环的分类、作用及影响	该指标经专家分析后指出，水循环的过程过于笼统，不利于受调查者聚焦于具体的知识点。为更符合水知识主题，将水循环相关的概念作为更新后的指标

续　表

原始指标	修正后指标	注释
了解人类活动给水生态环境带来的负面影响，懂得应该合理开发荒山荒坡，合理利用草场、林场资源，防止过度放牧（V_{14}）	人类活动给水生态环境带来的负面影响（如过度开发、排污等人类活动；引起水土流失、水环境污染等影响）	原始指标中涵盖的信息不具有普适性。在保证测度的基本知识点不变前提下，添加更为具体的内容便于受调查者识别
了解水对生命体的影响（V_{33}）	水对生命体的重要性以及所占比重	所占比重的了解可让人们知道人类生存离不开水，认识到水在人体中的生理功能，维持身体内水的平衡是人类生命活动中的基本保障
环保部门的官方举报电话12369（V_{35}）	环保投诉官方举报电话12369以及所在地水污染举报电话	为全面加强生态环境保护，打好污染防治攻坚战，我国对环境保护越来越重视。除环保投诉举报电话外，各地区均有相应的投诉举报电话，更有利于快速反馈水污染问题
知道节约用水要从自身做起、从点滴做起（V_{37}）	知道节约用水基本做法及其影响	随着社会经济的快速发展，公民的整体素质快速提升，节水意识逐渐提升。新时代节约用水的重点是应该知晓如何做，以及节约用水能够带来的积极影响

6.2.2.2　添加的测度指标分析

随时间的推移，知识的增长既与人类的心理活动和认识活动有关，又与知识自主发展机制有关，人们在实践的过程中利用并共享现有知识，又吸收转化新的知识，新旧并重实现知识的增长。水知识在实践过程中同样会逐渐衍生出新的知识，进行水知识增量测度的首要工作即是将新的知识点添加到增量测度指标之中，实现指标的动态更新，形成更加全面的测度体系，使得测度结果能够真实地反映公民水知识水平。添加的测度指标及其注释见表6-3。

表6-3　t+1时刻添加的知识存量测度指标及其注释

添加的指标	指标主要测度范围	注释
健康水的标准以及水的不同用途	国际卫生组织提出的健康水七大标准；饮用水对公民个人的作用，如促进新陈代谢、排毒、运输营养物质等	水质安全是饮用水的标准，了解健康水的标准，可以让公民合理健康饮水，了解水的用途能够让公民认识到水对生命的重要性
水表的功能和读取数据	对水表使用功能的认知程度；准确查看水表记录的用水数据	水表记录的数据能够实时展示用水量，起到提醒公民节约用水的作用，也能够根据日常实际用水量及时发现漏水等情况
当地与水相关的风俗习惯和故事传说	了解当地与水相关的风俗习惯并知晓其蕴含的水知识；关于水的故事传说，如大禹治水、共工治水等	可引起公民对水的敬畏心理，了解与水相关风俗习惯背后的知识，认识到水资源自古以来就是人们生活必不可少的一部分
知道世界水日、中国水周具体时间和特定主题活动	3月22日为世界水日，3月22—28日为中国水周；每一届世界水日和中国水周在社会需求前提下制定的主题及相关活动	通过开展广泛的宣传教育活动，增强公众对开发和保护水资源的意识，解决日益严峻的缺水问题
与水相关的诗词、成语、谚语，例如"上善若水"等	了解水相关的诗词、成语、谚语等知识中代表的含义	诗词等是水文化的一种，代表着我国独特的水文化史，是中华文化的重要组成部分
对水相关名胜古迹、水利博物馆、水情教育基地的了解程度	了解水相关的名胜古迹中涉及故事；了解一定的水利史；了解相关的水利设施及其功能；了解水情教育基地的科学、文化、社会价值	与水相关的名胜古迹、博物馆、水情教育基地等是面向公众开展水情教育的实体平台，可让公民了解更多的水利知识和设施
饮用水水源地的地理位置及供水水区域	了解当地的饮用水水源地以及所处位置；了解如何保护饮用水水源地相关知识，如知道不在水源地或水库游泳、识别水源地设置的标识等	饮用水水源地提供了公民生活及公共服务用水，自觉保护好饮用水水源地是每个公民必须履行的责任和义务

添加的指标	指标主要测度范围	注释
识别节水活动或节水器具上的"国家节水标志",认识"水效标识"知识	知道国家节水标志及其寓意;能够识别购买的水产品水效等级;不同的水效等级对应的耗水量	国家节水标志是节水宣传的形象标志,也作为节水型产品标志的专用标志,认识并了解该标志可促使公民有意识地选择节水产品;水效标识用水信息表示产品的水效等级,用水信息标识签携带的信息量等,有利于消除产品在用水方面的信息不对称,易于引导消费者购买节水产品,实现节约用水
合同节水及相关日常节水管理(如洗漱节水、洗衣节水等生活节水)知识	知道合同节水管理的实质及目的;知道合同节水的主要模式;个人节水管理的基本做法;能够积极培养节水意识	合同节水及相关日常节水管理知识确定的基本概念和相关知识点是节水知识测度的重点,形成的知识体系对公民更深层次地了解节水的意义有重要作用
"水有关危险警示标志"认知	认识与水相关文字、图案等类型的危险示警标志;看到相关警示标志时知道如何保障自身安全基本常识	水域及潜在危险区域存在很多风险,水利部门设定的警示标志有助于公民识别危险,对保障公民自身的安全具有重要作用
各级水行政部门颁布的涉水法律和规定	了解各级水行政部门颁布的相关法律和规定;做到知法懂法;能够运用相关法律或法规维护自身合法权益;及时关注相关涉水法律法规的修订与完善	我国已基本建立完善的涉水法律法规,公民有必要了解相关法律条文,提升对水法律的认识,既能使用法律武器维护自身的权益,又能遵守法律规定提升自身法律素养

续　表

添加的指标	指标主要测度范围	注释
水人权概念（知道安全的清洁饮用水和卫生设施是一项基本人权，国家要在水资源分配和利用中优先考虑个人的使用需求）	知道获得可饮用和清洁的水是每个人的权利；安全的饮用水设施和卫生设施是一项基本人权；国家要在水资源分配和利用中优先考虑个人的使用需要；保障水人权需要国家、组织和个人共同参与	水人权是生存权的基本内容，充分了解水人权的相当水准和维护护生存的必要和根本条件。当公民的权利利益受到损害时能够有效维护自身的利益
当地水价的标准与水价计费依据	了解当地不同行业的水价标准；知道家庭水费支出详单以及价格因素在水需求管理等方面的作用	随着生活用水量占比逐渐增长，供水价格改革工作不断推进，而且生活用水的定价标准各地区有所差异。公民有必要了解水的定价标准，关注水计费支出，尽可能在保证生活需求的前提下实现生活节水
植树造林、退耕还林等活动的目的	了解开展植树造林、退耕还林等的主要目的，能够积极参与相关活动的意识	该指标是对 t 时刻水知识存量的补充，植树造林等与水土保持有关的活动是水资源保护的重要的途径
饮用受污染的水会对人体造成危害（如导致消化系统疾病、传染病、皮肤病等，甚至导致死亡）	公民尽可能地避免饮用受污染的水；饮用受污染的水导致身体（不同部位）受到哪些损害；污染的水可引起的疾病应及应对措施。	水是人体的重要组成部分，随着经济社会的快速发展，大量的工业、农业和生活等污水没有经过处理就排放，导致地下水和地表水质污染也越来越严重，造成饮用水源地水质污染，公民提升对饮用水质的认识对于保障自身饮水安全十分重要

续　表

添加的指标	指标主要测度范围	注释
根据水的气味、颜色和流速等识别有害水体	观测水的流速和颜色有效识别水体的危险性；根据水的气味初步判断水体的是否是污染水；能够根据自身的判断远离未知水域	当公民濒临或穿过未知水域时，能够初步判断水体的安全性，即通过水的流速、颜色、气味等判断水体的危险性，可有效避免不明水体潜在的危险性，减少水安全事故的发生

6.2.2.3 水知识增量初始测度指标汇总

通过对 t 时刻水知识存量测度指标的重新整理，结合在 $t+1$ 时刻将更新以及添加后的指标进行汇总，初步探索得到的水知识存量测度指标体系如表 6-4 所示。

表 6-4 $t+1$ 时刻水知识存量测度指标层次结构

综合指标		基础测度指标	备注
水科学基础知识（K_1^{t+1}）	水的基本性质（K_{11}^{t+1}）	水的化学知识，如水的化学成分和化学式等（W_1）	原始指标
		了解水的物理知识，如水的密度、冰点与沸点、三态转化、颜色气味、硬度等（W_2）	原始指标
		水对生命体的重要性以及所占比重（W_3）	修正指标
		健康水的标准以及水的不同用途（W_4）	添加指标
	水文化与基本常识（K_{12}^{t+1}）	水表的功能和读取数据（W_5）	添加指标
		当地与水相关的风俗习惯和故事传说（W_6）	添加指标
		知道世界水日、中国水周具体时间和特定主题活动（W_7）	添加指标
		与水相关的诗词、成语、谚语，例如"上善若水"等（W_8）	添加指标
		对水相关名胜古迹、水利博物馆、水情教育基地的了解程度（W_9）	添加指标
		科学的饮水知识（如不喝生水，最好喝温开水，成人每天需要喝水 1 500～2 500 mL）（W_{10}）	原始指标
	水循环知识（K_{13}^{t+1}）	水循环的分类、作用及影响（W_{11}）	修正指标
		自然界的水在太阳能和重力作用下形成水循环的方式（如蒸腾、降水、径流等）（W_{12}）	原始指标
		人工增雨相关知识（W_{13}）	原始指标
		回收并利用雨水（W_{14}）	原始指标

续　表

综合指标		基础测度指标	备注
水资源与水环境知识（K_2^{t+1}）	水资源分布知识（K_{21}^{t+1}）	地球上水的基本分布状况以及主要的海洋和江河湖泊（W_{15}）	原始指标
		了解人工湿地的作用和类型（W_{16}）	原始指标
		中国的水分布特点以及重要水系、雪山、冰川、湿地、河流和湖泊等（W_{17}）	原始指标
		饮用水水源地的地理位置及供水区域（W_{18}）	添加指标
	水的可持续发展（K_{22}^{t+1}）	人类活动给水生态环境带来的负面影响（如过度开发、排污等人类活动；影响引起水土流失、水环境污染等）（W_{19}）	修正指标
		合理开发和利用水资源（W_{20}）	原始指标
		中水回用是水资源可持续利用的重要方式（W_{21}）	原始指标
		水是人类赖以生存和发展的基础性和战略性自然资源，解决人水矛盾主要是通过调整人类的行为来实现（W_{22}）	原始指标
		对水是不可再生资源的认知（水生态系统一旦被破坏很难恢复，恢复被破坏或退化的水生态系统成本高、难度大、周期长）（W_{23}）	原始指标
	水生态环境知识（K_{23}^{t+1}）	植树造林、退耕还林等活动的目的（W_{24}）	添加指标
		水环境检测、治理及保护措施（W_{25}）	原始指标
		水环境容量的相关知识，知道水体容纳废物和自净能力有限（W_{26}）	原始指标
		水污染的类型、污染源与污染物的种类，以及控制水污染的主要技术手段（W_{27}）	原始指标
		过量开采地下水会造成地面沉降、地下水位降低、沿海地区海水倒灌等现象（W_{28}）	原始指标
		生活污水再利用以及生产污水经过适当处理达标后才能排入水体（W_{29}）	原始指标

综合指标		基础测度指标	备注
水资源与水环境知识（K_2^{t+1}）	水生态环境知识（K_{23}^{t+1}）	环保投诉官方举报电话 12369 以及所在地水污染举报电话（W_{30}）	修正指标
		知道水生态环境的内部要素是相互依存的，同时与经济社会等其他外部因素也是相互关联的（W_{31}）	原始指标（预删除）
		知道节水可以保护水资源、减少污水排放，有益于保护环境（W_{32}）	原始指标（预删除）
节水知识（K_{23}^{t+1}）		知道节约用水基本做法及其影响（W_{33}）	修正指标
		识别节水活动或节水器具上的"国家节水标志"，认识"水效标识"（W_{34}）	添加指标
		合同节水及相关日常节水管理（如洗漱节水、洗衣节水等生活节水）知识（W_{35}）	添加指标
		农业灌溉系统，行业节水技术相关知识（W_{36}）	原始指标
水安全与水管理知识（K_4^{t+1}）	水安全知识（K_{41}^{t+1}）	对洪灾、旱灾的认识以及其发生时的应对措施（W_{37}）	修正指标
		了解当地防洪、防旱基础设施概况以及当地雨洪特点（W_{38}）	原始指标
		国内外重大水污染事件及其影响（W_{39}）	原始指标
		饮用受污染的水会对人体造成危害（如导致消化系统疾病、传染病、皮肤病等，甚至导致死亡）（W_{40}）	添加指标
		根据水的气味、颜色和流速等识别有害水体（W_{41}）	添加指标
		使用深层的存压水、高氟水会危害健康（W_{42}）	原始指标（预删除）
		"水有关危险警示标志"认知（W_{43}）	添加指标
水安全与水管理知识（K_4^{t+1}）	水管理知识（K_{42}^{t+1}）	了解实时更新的区域行业和生活用水定额（W_{44}）	修正指标
		地表水和污水监测技术规范、治理情况（W_{45}）	原始指标
		实施河长制的目的（保护水资源，防治水污染，改善水环境，修复水生态的河湖管理保护机制，是维护河湖健康生命、实现河湖功能永续利用的重要制度保障）（W_{46}）	原始指标

续　表

综合指标		基础测度指标	备注
水安全与水管理知识（K_4^{t+1}）	水管理知识（K_{42}^{t+1}）	中国水利管理组织体系的职责和作用（W_{47}）	原始指标
		按照"谁污染、谁补偿""谁保护、谁受益"的原则建立的水环境生态补偿政策体系（W_{48}）	原始指标
		各级水行政部门颁布的涉水法律和规定（W_{49}）	添加指标
		水人权概念（知道安全的清洁饮用水和卫生设施是一项基本人权，国家要在水资源分配和利用中优先考虑个人的使用需求）（W_{50}）	添加指标
水的商品属性（K_5^{t+1}）		阶梯水价的含义（"阶梯水价"将水价分为两段或者多段，在每一分段内单位水价保持不变，但是单位水价会随着耗水量分段而增加）（W_{51}）	原始指标
		水权制度（知道水资源属于国家所有，单位和个人可以依法依规使用和处置，须由水行政主管部门颁发取水许可证并向国家缴纳水资源费（税）（W_{52}）	原始指标
		当地水价的标准与水价计费依据（W_{53}）	添加指标
		水价在水资源配置、水需求调节的作用（W_{54}）	原始指标

6.2.3　水知识存量基础测度指标优化方法

知识冗余对于知识增量的影响是不可忽视的因素，知识冗余对节点知识或者整体知识储备而言是消极且无用的，从根源上讲，知识增量的产生要求存在一定程度的知识基础差异，该差异既源于固有的知识禀赋差异，也源于知识传播或共享的过程中知识冗余的削减。上一节删除的冗余知识指标是建立在专家直观的理解基础上，本部分采用基于数据的指标优化方法进一步对指标进行选择，以避免指标携带信息冗余干扰水知识增量测度结果。

6.2.3.1　指标优化方法研究概述

指标是评价某一事物或现象的基础[245]，能否全面、合理地反映出评价对象的水平或状态决定了评价结果的客观性。构建科学合理的影响指标体系对于评价的科学性至关重要。由于各指标之间相互作用，逻辑关系错综复杂，选择合适的方法对影响指标体系进行遴选和优化一直是研究者关注的重点。目前，关于指标筛选方法的研究有两大类：特征选择和评价指标筛选。

特征选择（feature selection，FS）的方法主要是通过对指标集的重要性进行排序，过滤冗余变量来实现对指标的降维，删除具有最小标准的影响指标，确定具有有效信息的最佳特征子集并最大限度提升模型的准确性。目前主要使用的特征选择方法有遗传算法[243-244]、支持向量机[248-250]、粒子群优化[251-252]、模拟退火算法[253-254]、分类器[255-256]等。评价指标筛选是以客观评价受评对象水平为目标的方法，已有的评价指标遴选方法主要是围绕着指标的相对重要程度以及信息重叠两个视角展开[257]。对于相对重要程度的遴选方法，一些学者采用了变异系数[258]、信息敏感性[259]、最佳方差方法[260-261]、贝叶斯纵向模型[262]等方法。在众多的研究中指标的相对重要性仅能体现出某个指标反映的信息量相对于评价结果较为重要，但在大数据时代下，不同的评价体系所呈现的指标集维度愈来愈复杂，指标间不可避免会存在信息重叠现象，根据相对重要性进行指标筛选无法判断指标间的共线性问题以及是否存在信息重叠。

随着研究的不断深入，学者们引入了关于信息重叠的指标筛选方法，旨在剔除携带有相同或类似信息的不同指标，这些指标在评价过程中会被反复强调，影响最终的评价结果，根据陈洪海对以往关于信息重叠指标筛选方法的总结和归类[257]，主要分两类：其一为相关性分析，即剔除相关程度较高的指标中的其余相对不重要的指标[257,263-267]；其二为聚类分析法，即通过聚类分析将指标划分为若干相关程度低的子类，子类中的各指标相关程度较高，再基于变异系数或近似分类质量系数等标准筛选出同一子类最重要的一个指标[268-270]。除以上研究之外，还有部分研究在指标筛选时依据专家主观经验[271-272]、主成分分析、线性判别[273]、病态指数循环分析法[274]等方法进行指标遴选。

本书基于已有研究，以剔除信息冗余指标为目标，基于改进的主成分分析法提出了信息贡献率的概念，对指标进行优化与赋权。首先，以初始测度指标为基础，设计调查问卷，获得原始数据；其次，基于信息贡献率的优化方法，即被保留的主成分对一个指标的差分运算结果与对应主成分方差累计贡献率乘积的和，计算指标的信息贡献大小，剔除信息贡献较低的指标，保证保留的指标能够表达绝大多数信息；最后，根据每个指标对应的指标信息贡献率占所有指标的信息贡献率之和的比重对所有指标进行赋权，以反映不同指标相对信息含量的大小。

6.2.3.2　水知识增量测度指标优化方法原理

在表 6-4 中已经对形成的测度指标进行了预删除，但删除的指标是众多水知识增量测度指标的很少一部分且具有主观性。对于大量的测度指标而言，能否反映出对 $t+1$ 时刻的水知识存量的信息贡献程度需要进一步验证，以精准刻画水知识增量的实际。为实现测度指标的有效性和科学性，本部分提出基于信息贡献率的水知识增量测度指标优化方法，剔除信息贡献程度较低的指标。

1. 测度指标优化方法思路

根据本研究界定的信息贡献率的定义，即被保留的主成分对一个指标的差分运算结果与对应主成分方差累计贡献率乘积的和，以此反映指标对原始指标体系的信息贡献大小。信息贡献率越大的指标所携带的水知识信息量越大，对水知识存量的整体影响越显著，该指标在水知识增量测度中的重要性越大。指标的信息贡献率反映了该指标对水知识增量测度整体的信息贡献，可作为指标优化的重要依据。

2. 测度指标优化标准

由信息贡献率的定义可确定指标优化的标准。一个测度指标的信息贡献率越低，待优化测度指标体系所携带的水知识量受该指标变化的影响越小，该指标携带的水知识量信息对水知识增量的整体贡献度越低，在此标准下，该指标应予以剔除。此标准主要的核心即是保留信息贡献率高的测度指标，删除信息贡献率低的指标。更重要的是需要确定阈值，作为判断贡献率高低的标准，下文将详细介绍。

3. 信息贡献率的阈值确定

基于信息贡献率的优化方法其主要分析基础即是主成分分析，该理论认为若方差贡献率较大的主成分累计方差贡献率能够达到 $70\%\sim90\%$，则表示这些主成分解释了全部原始指标信息的绝大多数[275]，保留大于方差贡献率阈值的主成分，剔除低于方差贡献率阈值的其他主成分。本研究借鉴其思想，将某个测度指标的信息贡献率占全部待筛选测度指标的信息贡献率之和的比例作为该指标的信息贡献率。信息贡献率越大，测度指标所携带的信息量占全部待筛指标信息贡献率之和的比例越大，以指标的累计信息贡献率作为最终的观测值，并与确定的阈值进行比较，完成指标筛选。

在现有的研究中，对于阈值的取值范围不完全统一，将阈值设定为 70% 时，可剔除更多的测度指标，意味着保留下来的指标较少，其中的有利之处是被保留的指标间的信息重叠会减少，但这也增加了信息丢失的风险，对于水知识存量测度的全面性会降低。阈值设定为 90% 亦会出现相反的情况，但考虑到水知识存量的特点，为保证准确测度公民所有的水知识信息含量，保证设定阈值的有效性，其值越高，反映出公民的水知识存量越全面。根据研究需要，确定了在筛选过程中，保留累计信息贡献率达到 90% 以上的指标，但这并不是固定的阈值，在后续的指标优化过程中，可根据实际情况调整阈值的大小，以满足指标优化的实际需求。累计信息贡献率达到此阈值的所有指标满足优化标准，剔除除此之外的信息贡献率较小的测度指标，完成对公民水素养知识增量测度指标体系的优化。

图 6-1 所示为基于信息贡献率的公民水知识增量测度指标优化原理。

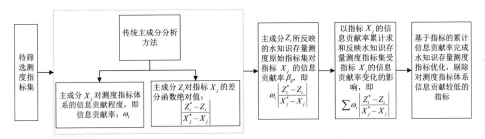

图 6-1 基于信息贡献率的公民水知识增量测度指标优化原理

6.2.3.3 水知识增量测度指标优化方法设计

水知识增量测度指标是以公民为测度对象，所有测度指标均代表不同的知识点，在设计指标优化方法时需要考虑水知识测度的特殊性。另外，数据的来源为对公民个体的调查，而且获取的数据是以离散的形式呈现。基于此，以信息贡献率的优化思路为基础，设计公民水知识测度指标体系优化方法。

1. 数据获取

公民水知识增量测度指标是对不同水知识要点的陈述，让公民以自身的实际情况去判断是否具备该知识点，在定量分析的过程中以打分的形式获取数据，为后续的分析奠定基础。通过借鉴相关研究，对特定区域的公民进行随机调查，尽可能满足调查对象分布在不同的人群中，在实际调研中，主要按照年龄阶段进行随机调查。针对公民水知识存量测度的 54 个指标制定评分标准，列于表 6-5 中。每个指标对应的打分等级满足知识测度的实际需要，同时便于定量分析。打分的标准按照李克特 5 级量表进行设计，分值范围均在 1～5 之间。

表 6-5 公民水知识增量测度指标评分标准

序号	指标层	基础测度指标	定性指标的打分等级	得分标准
1	水科学基础知识	水的化学知识，如水的化学成分和化学式等	（1）非常了解	5.00
			…	…
			（5）不了解	1.00
…		…	…	…
14		回收并利用雨水	（1）非常清楚	5.00
			…	…
			（5）不清楚	1.00
15	水资源与水环境知识	地球上水的基本分布状况以及主要的海洋和江河湖泊	（1）非常了解	5.00
			…	…
			（5）不了解	1.00
…		…	…	…
30		环保投诉官方举报电话12369以及所在地水污染举报电话	（1）非常清楚	5.00
			…	…
			（5）不清楚	1.00
33	节水知识	节约用水基本做法及其影响	（1）非常清楚	5.00
			…	…
			（5）不清楚	1.00
…		…	…	…
38	水安全与水管理知识	当地防洪、防旱基础设施概况及当地雨洪特点	（1）非常了解	5.00
			…	…
			（5）不了解	1.00
…		…	…	…

序号	指标层	基础测度指标	定性指标的打分等级	得分标准
51	水的商品属性	阶梯水价的含义	（1）非常了解	5.00
			…	…
			（5）不了解	1.00
…		…	…	…
54		水价在水资源配置、水需求调节的作用	（1）非常了解	5.00
			…	…
			（5）不了解	1.00

2. 基于信息贡献率的测度指标优化方法

除去主观删除的指标外，51 个测度指标之间是否存在信息重叠或信息贡献不显著等问题，需要通过客观的方法进一步筛选。本研究提出了基于信息贡献率的指标优化方法，构建优化模型来筛选测度指标。具体的指标优化方法步骤如下。

（1）对知识增量测度指标数据做初步处理，剔除不符合测度标准的测度问卷，同时对初步筛选后的数据做 Z 标准化处理[276]：

$$x_{ij} = \frac{y_{ij} - E(Y_i)}{\sqrt{s(Y_i)}} \qquad (6.10)$$

其中，x_{ij} 是第 i 个指标对于第 j 个样本标准化的数值，y_{ij} 表示标准化之前的数值，$E(Y_i)$ 和 $s(Y_i)$ 分别表示第 i 个指标原始数据的期望和方差，$i=1,2,\cdots,m$，m 表示指标个数；$j=1,2,\cdots,n$，n 表示总样本量。该标准化的目的在于防止数据在进行主成分分析时影响分析结果，不等同于指标统一量纲。

（2）基于标准化后的数据求解相关系数矩阵 $\boldsymbol{R}$：

$$\boldsymbol{R} = [r_{ii'}]_{m \times m} = \boldsymbol{X}^{\mathrm{T}} \boldsymbol{X} \qquad (6.11)$$

其中，$r_{ii'}$ 为水知识测度指标之间的相关系数，$\boldsymbol{X}$ 为标准化后的数据矩阵，$\boldsymbol{X}^{\mathrm{T}}$ 为 $\boldsymbol{X}$ 的转置。

（3）将相关系数矩阵 $\boldsymbol{R}$ 代入公式：

$$|\boldsymbol{R} - \lambda_i \boldsymbol{E}_n| = 0 \qquad (6.12)$$

其中，$\boldsymbol{E}_n$ 是 n 阶单位矩阵，得到特征值 λ_i。将得到的特征值 λ_i 代入公式：

$$\omega_i = \frac{\lambda_i}{\sum\limits_{i=1}^{n} \lambda_i} \qquad (6.13)$$

进一步计算主成分 Z_i（Z_i 为第 i 个主成分，$i = 1, 2, \cdots, k$，k 为保留主成分的个数）的方差贡献率 ω_i，ω_i 是第 i 个主成分 Z_i 解释全部原始指标总变异的比例，反映第 i 个主成分 Z_i 信息含量占全部指标信息含量的比例。这个值越大，表明主成分 Z_i 携带的测度指标集的原始信息量越多。基于各主成分的方差贡献率，计算前 k 个主成分的信息含量的和占全部原始指标信息含量的比重，即累计方差贡献率 U_k，计算公式为

$$U_k = \sum_{i=1}^{k} \omega_i \qquad (6.14)$$

主成分分析理论认为累计方差贡献率达到 $70\% \sim 90\%$ 时的几个主成分能够携带原始指标的绝大多数信息，可以予以保留，剔除除此之外的其他主成分。本研究中将这一阈值定义在 80%，但可根据实际计算情况进行调整，以满足研究需要。

（4）以 $\dfrac{Z_i^* - Z_i}{X_{i'}^* - X_{i'}}$ 反映主成分 Z_i 受指标 $X_{i'}$ 变化的影响程度，它表示主成分 Z_i 对指标 $X_{i'}$ 的差分函数，差分的结果反映了离散量之间的一种变化，表示在其他指标大小不变的基础上，第 j 个指标 $X_{i'}$ 的大小改变导致第 i 个主成分 Z_i 的信息改变量大小，Z_i^*、X_i^* 均为改变后的值。由公式

$$Z_i = p_{i1}X_1 + p_{i2}X_2 + \cdots p_{ij}X_{i'} + \cdots p_{im}X_m \qquad (6.15)$$

可得主成分 Z_i 对指标 X_j 的差分值，其中正交单位化相关系数矩阵的特征向量为 $\boldsymbol{p}_j^{\mathrm{T}} = (p_{i1}, p_{i1}, \cdots p_{ij}, \cdots, p_{im})$。进一步计算第 i 个主成分受第 j 个指标大小变化影响的程度 α_{ij}：

$$\alpha_{ij} = \left| \frac{Z_i^* - Z_i}{X_{i'}^* - X_{i'}} \right| = |p_{ii'}| \qquad (6.16)$$

$\left| \dfrac{Z_i^* - Z_i}{X_{i'}^* - X_{i'}} \right|$ 仅反映了主成分 Z_i 受指标 $X_{i'}$ 变化影响的程度，并未反映指标对原始指标集信息的影响。

（5）加权贡献率 $\omega_i \left| \dfrac{Z_i^* - Z_i}{X_{i'}^* - X_{i'}} \right|$ 表示全部原始指标的信息仅仅通过第 i 个主成分体现出来的、受第 i' 个指标大小变化的影响，记为信息贡献程度 $\beta_{ii'}$：

$$\beta_{ii'} = \omega_i \left| \frac{Z_i^* - Z_i}{X_{i'}^* - X_{i'}} \right| = \omega_i |p_{ii'}| \qquad (6.17)$$

其中，方差贡献率 ω_i 是主成分 Z_i 占全部原始指标信息的比例，$\left| \dfrac{Z_i^* - Z_i}{X_{i'}^* - X_{i'}} \right|$ 是主成分 Z_i 对指标 $X_{i'}$ 的贡献程度。

（6）以 $\sum \omega_i \left| \dfrac{Z_i^* - Z_i}{X_{i'}^* - X_{i'}} \right|$ 反映原始指标集信息受指标 $X_{i'}$ 变化影响的信息贡献率，记为 $\beta_{i'}$。如（5）所述，$\omega_i \left| \dfrac{Z_i^* - Z_i}{X_{i'}^* - X_{i'}} \right|$ 代表主成分 Z_i 所反映的原始指标集对指标 $X_{i'}$ 的信息贡献率，被保留的主成分已经解释了绝大多数原始指标的信息。因此，$\sum \omega_i \left| \dfrac{Z_i^* - Z_i}{X_j^* - X_j} \right|$ 表示：所有被保留的主成分反映出原始指标信息受指标 $X_{i'}$ 变化的影响，即指标 $X_{i'}$ 变化对原始指标集信息的信息贡献程度，称之为 $X_{i'}$ 的信息贡献率：

$$\beta_{i'} = \sum_{i=1}^{k} \omega_i \left| \frac{Z_i^* - Z_i}{X_{i'}^* - X_{i'}} \right| = \sum_{i=1}^{k} \omega_i \left| p_{ii'} \right| \tag{6.18}$$

（7）基于主成分分析方法，进一步计算测度指标占全部测度指标信息贡献率的比值，记为测度指标 $X_{i'}$ 的综合信息贡献率，用 $\chi_{i'}$ 表示，公式记为

$$\chi_{i'} = \frac{\beta_{i'}}{\sum\limits_{i'=1}^{n} \beta_{i'}} \tag{6.19}$$

（8）在上述计算过程的基础上，剔除信息贡献率较低的指标，将所得 $\beta_{i'}$ 的值按照从大到小的顺序进行排列，排序靠前的 l 个指标 $\beta_{i'}$ 值的和占全部指标 $\beta_{i'}$ 的和的比例 γ_m，表示筛选出的指标相对于所有指标的信息量，称其为累计信息贡献率。公式为

$$\gamma_m = \sum_{j=1}^{l} \beta_{i'} \Big/ \sum_{j=1}^{m} \beta_{i'} \tag{6.20}$$

选取满足累计信息贡献率 γ_m 的值大于 90% 的前 L 个指标予以保留。

（9）指标的累计信息贡献率（即通过主成分分析，被保留的主成分对一个指标的差分运算结果与对应主成分方差累计贡献率乘积的和）值越大，相应的指标越能够体现出对评价对象的重要程度，对评价结果的影响越显著，该指标应予以保留；反之，累计信息贡献率较低的指标在评价体系中重要性较弱，包含评价指标的信息量较少，应予以剔除。对于指标的赋权则用一个指标的信息贡献率与全部指标的信息贡献率和的比值表示，计算方法见公式（6.19）。

本研究在指标筛选的基础上计算指标的权重。需要注意的是在完成指标筛选之后，要删除剔除指标所对应的问题，对保留指标进行重新赋权，具体计算过程不再详细展示，将在实证过程中给出具体的结果，为 6.4 节的增量测度研

究做铺垫。

6.3 基于属性概率集值的粗糙集水知识增量测度方法

水知识体系是由多知识要素组成，再加上个人作为水知识体系的载体，其知识获取的过程是动态的，包括对象集、属性集以及决策集。在动态的环境下计算水知识增量的近似值需要采取特定的方法来提升准确度，因此本部分基于6.1节的研究基础，提出基于属性概率集值的动态粗糙集增量算法，在粗糙集理论中融入概率分布的概念，以基于概率的容差关系对属性等价类进行划分，将动态的数值数据转化为概率集值的表达形式，使得测度方法更加符合水知识增量测度的范式，达到提升结果准确度的效果，高质量地完成对公民水知识增量的动态测度。

6.3.1 基本思路与方法优势

随着信息技术和大数据等领域快速崛起，获取知识的渠道不断增多，知识也在随之增长。如何采用符合系统特征的方法测度知识是判断知识增长的重要支撑。在大数据的环境下，知识固有特点使其以不同的数据特征存在，如分类、数值、区间值等。因此，为了在动态的环境中发现个人水知识增量，有必要开发有效的知识测度方法。

粗糙集作为一种高效求解复杂问题的方法被广泛应用，该方法能够从不确定的、不精确的系统中挖掘新知识和剔除旧的或无用的知识，而且在数据分析时不需要先验假设模型。本研究融入统计学方法中的概率分布以及知识理论中的概率分配使得测度的水知识增量更加客观。前文介绍了一种对象集发生变化而属性集维持不变的粗糙集增量更新方法，此方法与公民水知识增量测度的基本需求有所差异。一是在水知识系统中，水知识的载体是公民，即对象集是众多独立的个体且对象集随着时间的推移并不发生改变；二是水知识又具备一般知识的特性，其结构属性会随着时间的推移而变化，是一种动态的增长，但其决策规则又可维持不变，仅仅在决策等价类划分时发生变化；三是其数据来源与结构属性和决策规则密切相关，以一种离散的形式构成数据源，因此需要在离散分布的数据中融入概率分布，以条件属性的离散概率分布来表征公民具备水知识的能力。

本研究在6.1节理论的基础上，提出了基于概率集值的动态粗糙集水知识增量测度方法。在方法设计上优先考虑水知识系统中的条件属性变化，即用属性的变化来表征水知识系统的实际增量，同时融入属性概率集值的容差关系等价类划分，提出了条件属性变化下的动态水知识增量测度方法，并根据相关定义给出了相应的算法。

6.3.2 水知识增量测度指标属性划分

本部分主要提出了基于属性概率集值的容差关系属性划分方法，将模型中涉及的决策属性集和条件属性集划分成相应的等价类，为后续的测度模型构建奠定基础。

6.3.2.1 基于属性概率集值的水知识系统

定义 6.6：将水知识增量测度的整体看作一个水知识系统（WKS），类似于定义 6.1，WKS 是一个六元组，表示为 $K_P = \{U, \ AT = C \cap D, \ V = V_C \cap V_D, \ f, \ \sigma, \ P\}$，其中 $U = \{X_i \mid i \in (1, \ 2, \ \cdots, \ n)\}$ 表示非空对象集，表示水知识系统对象集中的众多个体；C 和 D 与前文定义相同；$V_C \cup V_D$ 是属性集 AT 的域，表示水知识增量测度中指标以及对应的指标评价集合，V_C 和 V_D 分别为 WKS 的条件属性值和决策属性值的集合，$f: U \times C \rightarrow 2^{V_C}$ 是一个集值映射，$f: U \times D \rightarrow V_D$ 表示知识函数，使得对 $\forall D_j \in D$，$X \in U$ 均有 $f(X, \ D_j) \in V_{D_j}$；σ 是 V_C 中的代数，P 是定义在 σ 上的概率分布，表示 WKS 的条件属性概率值分布且满足 $P[f_i(X, \ C_i)] \geqslant 0$，$\sum_i P[f_i(X, \ C_i)] = 1$。

基于定义 6.6，结合前文所述概念，对基于属性概率集值的水知识系统进行解释。$U = \{x_a \mid a \in (1, \ 2, \ \cdots, \ l)\}$ 表示 l 个测度对象，$C = \{C_1, \ C_2, \ \cdots, \ C_m\}$ 表示 m 个条件属性（即测度指标），$D = \{D_1, \ D_2, \ \cdots, \ D_n\}$ 表示 n 个决策属性，$V_C = \{\text{不了解，不太了解，一般，基本了解，非常了解}\} = \{0, \ 1, \ 2, \ 3, \ 4\}$，$V_D = \{\text{不具备，基本不具备，一般，基本具备，具备}\} = \{1, \ 2, \ 3, \ 4, \ 5\}$。$f_i(x_a, \ C_i) = \dfrac{\{C_1, \ C_2, \ \cdots, \ C_n\}}{\{P_1, \ P_2, \ \cdots, \ P_k\}}$，$n = k$ 表示对象 x_a 在条件属性 C_i 下的属性值 V_C 的概率分布为 $\{P_1, \ P_2, \ \cdots, \ P_k\}$。本研究提出属性概率集值的概念主要目的是区分不同对象在多属性下划分时，划分结果属于同一等级，但不同对象在不同属性下的属性值有所不同。例如对象 x_1 在属性 C_1，C_2 的条件属性值集合为 $\{2, \ 3\}$，对象 x_2 在属性 C_1，C_2 的条件属性值集合为 $\{3, \ 2\}$，其容差关系是不可区分的，可认为其处于同一等级。但每一个属性值所匹配的概率值不同，无法分辨出每一个对象所具备的具体知识程度。因此，引入概率集值的概念可以有效区分对象所具备的真实属性值不同而更加准确地对不同对象在不同属性下的属性值进行等价类划分。

6.3.2.2 基于容差关系的属性等价类划分

前文所介绍的等价关系（见定义 6.2）仅仅适用于分类数据，无法将类似的等价关系直接应用于具有概率集值属性的水知识系统，且一般的容许偏差关系 $T_a = \{(x, y) \mid f(x, C_i) \cap f(y, C_i) \neq \varnothing\}$（$x, y \in U$）目标是根据是否存在相同的属性值来区分不同的对象，与本模型中涉及的容许偏差（tolerance deviation）关系有所不同。基于此，本部分对等价类的划分和融入概率集值的属性容差关系进行了重新定义，采用巴特查里亚（Bhattacharyya）距离（简称：巴氏距离），以概率分布量化目标属性值之间的距离，以此对属性集进行等价类划分。

巴氏距离作为衡量两个属性变量分布之间重叠程度的随机度量被定义为

$$dB(x, y) = -\log\left[\int_x \sqrt{P_x(\theta) P_y(\theta)}\, d\theta\right] \tag{6.21}$$

其中，$P(\cdot)$ 为样本的概率分布函数，x 为 m 维空间，$\int_x \cdot d\theta$ 是整个属性空间上执行的积分。考虑到水知识系统的概率集值是离散的，而离散型变量的概率分布可以用概率质量函数（probability mass function，PMF）来描述。在此情况下，本研究提出了评估离散分布的 PMF，进而使用离散巴氏距离来测量两个离散分布的相似度。优化后的离散巴氏距离表达形式为

$$dB(x, y) = -\log\left[\sum_{i_l=1}^{m} \cdots \sum_{i_1=1}^{m} \sqrt{P_{\theta x}(b_{i_1, i_2, \cdots, i_l}) P_{\theta y}(b_{i_1, i_2, \cdots, i_l})}\right] \tag{6.22}$$

其中，$P.(b_{i_1, i_2, \cdots, i_l})$ 为不同的属性集合 $b_{i_1, i_2, \cdots, i_l}$ 的 PMF 值。根据文献[285]对巴氏距离的定义及水知识系统的数据特性，对公式（6.1）中部分参数进行调整，$\forall x, y \in U$，$C_i \in C$：

$$dB(x, y) = -\ln\left(\sum_{1}^{k} \sqrt{P[f_k(x, C_i)] P[f_k(y, C_i)]}\right) \tag{6.23}$$

$P[f_k(x, C_i)]$ 表示 x 在属性 C_i 下的概率分布，$i, j \in (1, 2, \cdots, k)$。

已有研究中将不同属性之间的差异程度称为相似度差异，本研究将这一参数定义为容差，记为 δ（$\delta \geqslant 0$）。基于巴氏距离的定义，$\forall x, y \in U$，$c \in C$ 对应的容差记为

$$dB_c^\delta = \{(x, y) \in U \times U \mid dB_c(x, y) \leqslant \delta_c\} \tag{6.24}$$

根据公式（6.1）的定义，当 $B \subseteq C$ 时，则 dB_B^δ 的容差定义为

$$dB_B^\delta = \{(x, y) \in U \times U \mid dB_b(x, y) \leqslant \delta_b, \forall b \in B\} = \bigcap_{b \in B} dB_b^\delta \tag{6.25}$$

与属性 b 对应的容差参数 δ_b 范围是从 0 到 $+\infty$，δ_b 越低表示两个对象之间的相似度越高。根据属性分布的实际要求，本研究在不同的计算过程中设置不

同的容差参数值，参数值具有自反性和对称性，但不具有传递性。本研究仅讨论水知识系统中的条件属性之间的容差关系，即基础测度指标的相关参数，且满足以下性质：

① $B_1 \subseteq B_2 \subseteq C \Rightarrow dB_{B_1}^{\delta} \subseteq dB_{B_2}^{\delta}$;

② $\delta_1 \leqslant \delta_2 \Rightarrow dB_B^{\delta_1} \subseteq dB_B^{\delta_1}$;

③ $dB_{ij}^{\delta_1} \subseteq dB_{ji}^{\delta_1}$;

④ 当 $f_i(x, c) \bigcap f_j(x, c) = \varnothing$ 或单值（ $i, j \in (1, 2, \cdots, k)$ ）时，$dB_{ij}^{\delta} = 1$;

⑤ 当 $f_i(x, c) = f_j(x, c)$ 时，$dB_{ij}^{\delta} = 0$ 。

此外，当水知识系统中属性概率分布集值出现概率集值为 0 或 1 时，融入属性概率集值与传统的粗糙集增量更新算法中属性集条件等价类划分方法并无差异。

给定水知识系统 $K_P = \{U, \ AT = C \bigcup D, \ V = V_C \bigcup V_D, \ f, \ \sigma, \ P\}$ ，以定义 6.3 为基础，基于容差 dB_c^{δ} 对其上下近似值进行定义：

$$\begin{cases} \underline{R_B^{(\beta, \ \delta)}}[X] = \{x \mid P(X \mid [x]_{dB_B^{\delta}}) \geqslant \beta\} \\ \overline{R_B^{(\beta, \ \delta)}}[X] = \{x \mid P(X \mid [x]_{dB_B^{\delta}}) > 1 - \beta\} \end{cases} \tag{6.26}$$

其中，$P(X \mid [x]_{dB_B^{\delta}}) = \dfrac{\mid X \bigcap [x]_{dB_B^{\delta}} \mid}{\mid [x]_{dB_B^{\delta}} \mid}$ ，$\mid \cdot \mid$ 表示集合的基数；$\delta \geqslant 0$ ；$[x]_{dB_B^{\delta}} = \{y \mid (x, \ y) \in dB_B^{\delta}\}$ ；β 为识别上下近似分类稳定性的阈值，其取值为 $\beta \in (0.5, \ 1]$ 。同理公式（6.2）可改写为

$$\begin{cases} P_B^{(\beta, \ \delta)}(X) = \underline{R_B^{(\beta, \ \delta)}}(X) \\ N_B^{(\beta, \ \delta)}(X) = U - \overline{R_B^{(\beta, \ \delta)}}(X) \\ \mathrm{BOU}_B^{(\beta, \ \delta)}(X) = \overline{R_B^{(\beta, \ \delta)}}(X) - \underline{R_B^{(\beta, \ \delta)}}(X) \end{cases} \tag{6.27}$$

基于上述容差关系及其上下近似值，本研究参考 Huang 等[284]的做法，设定 $\beta = 0.6, \delta = 0.5$ 对条件属性和决策属性进行等价类划分，处于上下近似值之间的对象被划分为同一等价类。除此之外，对于基数的确定也根据不同对象选择结果概率集值的相似性，记为 S_{x_i} ，表示为

$$S_{x_i} = P[f_k(x, \ C_i)] \times a_i \tag{6.28}$$

其中，a_i 表示每个决策属性 C_i 的取值，即每个受调查者对条件属性的选择性取值，根据选择结果的概率集值结果，确定相同或类选择结果的所有对象，完成对不同等价类基数的计量。

6.3.3　水知识增量测度模型构建

本节在构建的水知识系统背景下，以基于属性概率集值的容差关系对属性

的等价类划分结果为基础，进一步介绍了动态粗糙集水知识增量测度方法（KIMDRC）的基本结构，并构建了基于 KIMDRC 的测度模型。

6.3.3.1 测度模型的基本结构

给定 WKS，记为 $K_P = \{U, \ AT = C \bigcup D, \ V = V_C \bigcup V_D, \ f, \ \sigma, \ P\}$，$U$ 是在 t 时刻的非空有限对象集，$U/C = \{X_1, \ X_2, \ \cdots, \ X_m\}$ 是对象在 C 条件属性下的划分，其中 $X_i (i = 1, \ 2, \ \cdots, \ m)$ 是条件等价类；$U/D = \{D_1, \ D_2, \ \cdots, \ D_m\}$ 是 D 决策属性下的划分，其中 $D_j (j = 1, \ 2, \ \cdots, \ n)$ 是决策等价类。在时间为 $t+1$ 时，WKS 的条件属性集发生变化，一部分水知识进入系统，且有一部分知识条件属性集因更新而删除过时或无用的属性，原信息系统变成 $K'_P = \{U', \ C' \bigcup D', \ V', \ f', \ \sigma, \ P\}$。WKS 的知识增量测度是保持对象集 U 不发生变化，即 $U = \{x_a \mid a \in (1, \ 2, \ \cdots, \ l)\}$ 在 t 和 $t+1$ 时刻保持不变；条件属性集 C 发生变化，即新属性的添加，老旧知识更新或删除，可理解为 t 时刻时，水知识系统的条件属性集为：$C^t = \{C_1, \ C_2, \ \cdots, \ C_g\}$，$t+1$ 时刻，其属性集为：$C^{t+1} = \{C_1, \ C_2, \ \cdots, \ C_g, \ \cdots, \ C_{g+1}, \ \cdots, \ C_{g+r}\}$，根据水知识系统的实际情况可知，此时 $r \geqslant 1$；决策属性集 D 同样不发生变化，即 $D = \{d_1, \ d_2, \ \cdots, \ d_h\}$ 在 t 和 $t+1$ 时刻保持不变。

在划分条件属性等价类时，t 时刻的条件属性等价类为 $U/C^t = \{X_1, \ X_2, \ \cdots, \ X_m\}$，决策属性等价类为 $U/D^t = \{D_1, \ D_2, \ \cdots, \ D_n\}$，$t+1$ 时刻的条件属性等价类为 $U/C^{t+1} = \{X_1, \ X_2, \ \cdots, \ X_m, \ X_{m+1}, \ \cdots, \ X_{m+p}\}$，决策属性等价类为 $U/D^{t+1} = \{D_1, \ D_2, \ \cdots, \ D_n, \ D_{n+1}, \ \cdots, \ D_{n+q}\}$，其中 p 和 q 的取值为不确定值，可解释为仅仅决策属性发生变化，决策属性等价类划分的集合可增加、减少，或保持不变，变化的是划分集合的大小或元素不同。

由前文的定义可知，在 t 和 $t+1$ 时刻的准确度矩阵和覆盖率矩阵分别表示为 $\mathrm{Acc}_t(D_j^t \mid X_i^t)$、$\mathrm{Acc}_{t+1}(D_j^{t+1} \mid X_i^{t+1})$ 和 $\mathrm{Cov}_t(D_j^t \mid X_i^t)$、$\mathrm{Cov}_{t+1}(D_j^{t+1} \mid X_i^{t+1})$。根据定义 6.4 可知，在 t 时刻 $X_i^t \rightarrow D_j^t$ 的支持度、准确度、覆盖率分别为

$$\mathrm{Sup}_t(D_j^t \mid X_i^t) = \mid X_i^t \bigcap D_j^t \mid$$
$$\mathrm{Acc}_t(D_j^t \mid X_i^t) = \mid X_i^t \bigcap D_j^t \mid / \mid X_i^t \mid$$
$$\mathrm{Cov}_t(D_j^t \mid X_i^t) = \mid X_i^t \bigcap D_j^t \mid / \mid D_j \mid$$

$t+1$ 时刻 $X_j^{t+1} \rightarrow D_j^{t+1}$ 的支持度、准确度、覆盖率分别为

$$\mathrm{Sup}_{t+1}(D_j^{t+1} \mid X_i^{t+1}) = \mid X_i^{t+1} \bigcap D_j^{t+1} \mid$$
$$\mathrm{Acc}_{t+1}(D_j^{t+1} \mid X_i^{t+1}) = \mid X_i^{t+1} \bigcap D_j^{t+1} \mid / \mid X_i^{t+1} \mid$$

$$\text{Cov}_{t+1}(D_j^{t+1} \mid X_i^{t+1}) = \mid X_i^{t+1} \bigcap D_j^{t+1} \mid / \mid D_j^{t+1} \mid$$

在此基础上构建的支持度矩阵、准确度矩阵和覆盖率矩阵以及相关定义与 6.1.2 小节叙述的相同，在此不再赘述。

对于结果的界定根据定义 6.5 可知：在 $t+1$ 时刻，$\text{Acc}_{t+1}(D_j^{t+1} \mid X_j^{t+1}) \geqslant \alpha$ 且 $\text{Cov}_{t+1}(D_j^{t+1} \mid X_i^{t+1}) \geqslant \beta$ 时，决策属性集对应的基数随时间变化而增加，则 $X_j^{t+1} \rightarrow D_j^{t+1}$ 表示在 $t+1$ 时刻获取的有效知识，其值的变化表示知识的增量。

6.3.3.2 水知识动态增量测度模型构建

水知识系统的对象集 U 和决策属性集 D 不随时间发生变化，系统中的条件属性集增加了 M 个，集合表示为 M ；更新了 N 个属性，集合表示为 N ；删除了 Z 个无用属性，集合表示为 Z 。对于 $\forall c^+ \in M$，$\forall \bar{c} \in N$，$\forall c^- \in Z$ 水知识系统中可能出现以下 3 种情况：

①仅增加 M 个新属性，且满足 $\forall x \in U$，$\forall c \in C$，$f(x, c^+) \neq f(x, c)$ ；

②增加 M 个新属性，更新了 N 个属性，且满足 $\forall x \in U$，$\forall c \in C$，$f(x, c^+) \neq f(x, c)$ 和 $\forall x \in U$，$\exists c \in C$，$f(x, \bar{c}) = f(x, c)$ ；

③增加 M 个新属性，更新了 N 个属性，删除了 Z 个属性，且满足 $\forall x \in U$，$\forall c \in C$，$f(x, c^+) \neq f(x, c)$，$\forall x \in U$，$\exists c \in C$，$f(x, c^-) = f(x, c)$，和 $\forall x \in U$，$\exists c \in C$，$f(x, c^-) = f(x, c)$ 。

情况①和②所产生的结果基本相同，可视为一种情况进行讨论，下文相关讨论中将属性增加和更新视为一种情况。当删除了 Z 个无用属性时，对于 $\forall c^- \in Z$，则可能会出现由于决策属性集的减少，导致准确度和覆盖率发生变化。基于上述讨论，假设增加 M 个新属性会生成 p 个新的条件等价类，即 X_{m+1}，X_{m+2}，$\cdots$，X_{m+p}，生成 q 个决策等价类，即 D_{n+1}，D_{n+2}，$\cdots$，D_{n+q} 。此时，对于 $\forall x \in U$、$\forall c^+ \in M$、$\forall \bar{c} \in N$，可计算 x_a 的基数 A_i，x_a 对应的条件等价类属于 $X_i(i=1, 2, \cdots, m+p)$ ；$\forall x \in U$、$\forall c^- \in Z$，可计算 x'_a 的基数 B_i，x'_a 对应的条件等价类属于 $X_i(i=1, 2, \cdots, m)$ 。条件属性集的变化机制见图 6-2，具体的公式如下：

$$A_i^{(X)} = \sum_{i=1}^{m+p} A_{ij}, \quad A_j^{(D)} = \sum_{j=1}^{n+q} A_{ij}, \quad A_i = \sum_{j=1}^{n+q} \sum_{i=1}^{m+p} A_{ij}$$

$$B_i^{(X)} = \sum_{i=1}^{m} B_{ij}, \quad B_j^{(D)} = \sum_{j=1}^{n} B_{ij}, \quad B_j = \sum_{j=1}^{n} \sum_{i=1}^{m} B_{ij}$$

$$(6.29)$$

其中，A_{ij} 表示有 M 个新属性进入系统和更新了 N 个属性时，有 A_i 个条件等价类进入条件等价类集合 X_i 以及增加的决策等价类 D_j，$A_i^{(X)}$ 表示相应条件属性等价类基数，$A_i^{(D)}$ 表示相应决策属性等价类基数；B_{ij} 表示删除了 Z 个无用属性时，有 B_i 个条件等价类退出条件等价类集合 X_i 以及减少的决策等价类 D_j，$B_i^{(X)}$ 和 $B_i^{(D)}$ 表示相应的属性等价类基数。与公式（6.4）不同的是，此处仅仅考虑条件属性集的变化引起的条件等价类和决策等价类的变化，并未有新的对象进入水知识系统，在基数计算时也不考虑对象集的变化。

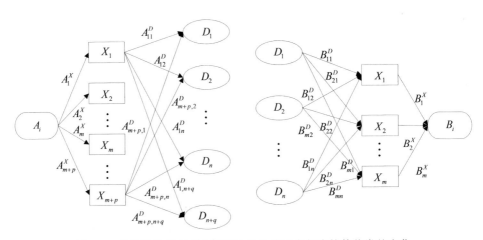

图 6-2 条件属性集的变化引起的条件等价类与决策等价类的变化

根据图 6-2 可得到在 t 和 $t+1$ 时刻的条件等价类和决策等价类变化，且 X_i^t 与 X_i^{t+1} 表示相同的条件属性等价类，D_j^t 与 D_j^{t+1} 表示相同的决策属性等价类，但随着属性集的变化，以及对象 t 时刻的属性集随着时间的推移在 $t+1$ 时刻具备的知识量在增多，具体的属性值也会变化，因此等价类的基数不同，这也是本部分研究的主要内容之一。

基于公式（6.5）和（6.6），本研究提出了类似计算 X_i^{t+1} 与 D_j^{t+1} 的基数的几种情况：

$$|X_i^{t+1}|=\begin{cases}|X_i^t|+A_i^{(X)}-B_i^{(X)}, & i\in(1,2,\cdots,m)\\ A_i^{(X)}, & i\in(m+1,m+2,\cdots,m+p)\end{cases}$$ (6.30)

$$|D_j^{t+1}|=\begin{cases}|D_j^t|+A_j^{(D)}-B_j^{(D)}, & j\in(1,2,\cdots,n)\\ A_j^{(D)}, & j\in(n+1,n+2,\cdots,n+q)\end{cases}$$ (6.31)

公式（6.5）与（6.6）中还提到 $|X_i^{t+1}|$ 和 $|D_j^{t+1}|$ 可为 0，在本研究中二者均不存在为 0 的情况，因为对象集本身并未变化，而且考虑到水知识系统

的固有特征，即使删除了部分条件属性，改变了整体的属性等价类划分，但是不会将所有相关的等价类全部移除，因此本研究不考虑 $|X_i^{t+1}|$ 和 $|D_j^{t+1}|$ 为 0 的情况。

对于水知识系统中属性变化引起水知识增量变化的机制，借鉴 6.1.2 小节的思路，仍使用矩阵的形式表达水知识增长和更新的整个过程，实现水知识增量的测度。在 t 时刻，支持度矩阵表示了 $X_i^t \rightarrow D_j^t$ 的基数分布，根据 $t+1$ 时刻矩阵的变化，将原来 $m \times n$ 的支持度矩阵优先拓展成 $(m+p) \times (n+q)$ 的矩阵，$m+1$ 到 $m+p$ 行、$n+1$ 到 $n+q$ 列均为 0，由定义 6.4 变化可得 $\text{Sup}_t(D_j^t \mid X_i^t)$：

$$
\text{Sup}_t(D_j^t \mid X_i^t) = \begin{pmatrix} |X_1 \cap D_1| & |X_1 \cap D_2| & \cdots & |X_1 \cap D_n| & 0 & \cdots & 0 \\ |X_2 \cap D_1| & |X_2 \cap D_2| & \cdots & |X_2 \cap D_n| & 0 & \cdots & 0 \\ \vdots & \vdots & \vdots & \vdots & \vdots & \vdots & \vdots \\ |X_m \cap D_1| & |X_m \cap D_2| & \cdots & |X_m \cap D_n| & 0 & \cdots & 0 \\ 0 & 0 & \cdots & 0 & 0 & \cdots & 0 \\ \vdots & \vdots & \vdots & \vdots & \vdots & \vdots & \vdots \\ 0 & 0 & 0 & 0 & 0 & 0 & 0 \end{pmatrix}
$$

$$(6.32)$$

在 $t+1$ 时刻，知识系统中的条件属性集增加了 M 个新属性，更新了 N 个属性，删除了 Z 个无用属性，与公式（6.32）相似，可得到 $t+1$ 时刻的支持度矩阵 $\text{Sup}_t(D_j^{t+1} \mid X_i^{t+1})$。矩阵的变化直观展示了支持度矩阵随时间的变化而变化，根据支持度与准确度和覆盖率之间的关系（见定义 6.4），可进一步计算出准确度和覆盖率矩阵。但考虑到条件属性等价类和决策属性等价类所划分的集合数范围，需要对准确度和覆盖率的计算公式进行取值界定。

使用公式（6.30）、（6.31）和（6.32）可推导出：

$$
\begin{aligned}
&\text{Acc}_{t+1}(D_j^{t+1} \mid X_i^{t+1}) = \frac{|D_j^{t+1} \cap X_i^{t+1}|}{|X_i^{t+1}|} \\
&= \begin{cases} \dfrac{|D_j^t \cap X_i^t| + A_{ij} - B_{ij}}{|X_i^t| + A_i^X - B_i^X} & \begin{array}{l} i \in (1, 2, \cdots, m) \\ j \in (1, 2, \cdots, n) \end{array} \\[4mm] \dfrac{A_{ij}}{|X_i^t| + A_i^X - B_i^X} & \begin{array}{l} i \in (1, 2, \cdots, m) \\ j \in (n+1, n+2, \cdots, n+q) \end{array} \\[4mm] \dfrac{A_{ij}}{A_i^X} & \begin{array}{l} i \in (m+1, m+2, \cdots, m+p) \\ j \in (1, 2, \cdots, n, n+1, \cdots, n+q) \end{array} \end{cases}
\end{aligned}
$$

$$(6.33)$$

$$\mathrm{Cov}_{t+1}(D_j^{t+1} \mid X_i^{t+1}) = \frac{\mid D_j^{t+1} \cap X_i^{t+1} \mid}{\mid D_i^{t+1} \mid}$$

$$= \begin{cases} \dfrac{\mid D_j^t \cap X_i^t \mid + A_{ij} - B_{ij}}{\mid D_i^t \mid + A_j^D - B_j^D} & \begin{array}{l} i \in (1, 2, \cdots, m) \\ j \in (1, 2, \cdots, n) \end{array} \\[4mm] \dfrac{A_{ij}}{\mid D_i^t \mid + A_j^D - B_j^D} & \begin{array}{l} i \in (m+1, m+2, \cdots, m+p) \\ j \in (1, 2, \cdots, n) \end{array} \\[4mm] \dfrac{A_{ij}}{A_i^X} & \begin{array}{l} i \in (1, 2, \cdots, m, m+1, \cdots, m+p) \\ j \in (n+1, n+2, \cdots, n+q) \end{array} \end{cases} \tag{6.34}$$

公式（6.33）和（6.34）分别表示在不同时间准确度与覆盖率之间的关系，被用于构造准确度矩阵和覆盖率矩阵，揭示矩阵之间以及矩阵各元素的内在联系。基于构建的矩阵，判断不同的对象在不同时段所具备的水知识量，以及随时间变化水知识增长的幅度。由于在划分条件等价类以及决策等价类时相应的集合均会发生变化，本研究定义了一个新的增量矩阵，来描述条件属性等价类与决策属性等价类可能变化的基数分布，矩阵记为 $\boldsymbol{I}_{t \to t+1}$（$D \mid X$）。矩阵的基本结构与公式（6.7）相似，结合公式（6.30）和（6.31）以及基数的运算法则，具体的形式如下：

$$\boldsymbol{I}_{t \to t+1}(D_j^{t \to t+1} \mid X_i^{t \to t+1})$$

$$= \begin{pmatrix} A_{1,1} - B_{1,1} & \cdots & A_{1,n} - B_{1,n} & A_{1,n+1} & \cdots & A_{1,n+q} \\ A_{2,1} - B_{2,1} & \cdots & A_{2,n} - B_{2,n} & A_{2,n+1} & \cdots & B_{2,n+q} \\ \vdots & \vdots & \vdots & \vdots & \vdots & \vdots \\ A_{m,1} - B_{m,1} & \cdots & A_{m,n} - B_{m,n} & A_{m,n+1} & \cdots & A_{m,n+q} \\ A_{m+1,1} & \cdots & A_{m+1,n} & A_{m+1,n+1} & \cdots & \Lambda_{m+1,n+q} \\ \vdots & \vdots & \vdots & \vdots & \vdots & \vdots \\ A_{m+p,1} & \cdots & A_{m+p,n} - B_{m+p,n} & A_{m+p,n+1} & \cdots & B_{m+p,n+q} \end{pmatrix} \tag{6.35}$$

增量矩阵的可由 $t+1$ 时刻支持度矩阵减去 t 时刻的支持度矩阵计算得到，公式见公式（6.36）。得到的增量矩阵，表示 $t+1$ 时刻的 $X_j^{t+1} \to D_j^{t+1}$ 相对于 t 时刻 $X_j^t \to D_j^t$ 发生的变化，反映出水知识系统的增量大小。结合不同时刻计算得到的覆盖率矩阵和准确度矩阵，可发现知识系统的变化，从而实现水知识增量的测度。

$$
\begin{aligned}
&I_{t\to t+1}(D_j^{t\to t+1} \mid X_i^{t\to t+1}) = \mathrm{Sup}_{t+1}(D_j^{t+1} \mid X_i^{t+1}) - \mathrm{Sup}_t(D_j^t \mid X_i^t) \\[2mm]
&=
\begin{vmatrix}
|X_1^{t+1}\cap D_1^{t+1}|-|X_1^t\cap D_1^t| & |X_1^{t+1}\cap D_2^{t+1}|-|X_1^t\cap D_2^t| & \cdots & |X_1^{t+1}\cap D_n^{t+1}|-|X_1^t\cap D_n^t| & |X_1^{t+1}\cap D_{n+1}^{t+1}| & \cdots & |X_1^{t+1}\cap D_{n+q}^{t+1}| \\
|X_2^{t+1}\cap D_1^{t+1}|-|X_2^t\cap D_1^t| & |X_2^{t+1}\cap D_2^{t+1}|-|X_2^t\cap D_2^t| & \cdots & |X_2^{t+1}\cap D_n^{t+1}|-|X_2^t\cap D_n^t| & |X_2^{t+1}\cap D_{n+1}^{t+1}| & \cdots & |X_2^{t+1}\cap D_{n+q}^{t+1}| \\
\vdots & \vdots & \cdots & \vdots & \vdots & \cdots & \vdots \\
|X_m^{t+1}\cap D_1^{t+1}|-|X_m^t\cap D_1^t| & |X_m^{t+1}\cap D_2^{t+1}|-|X_m^t\cap D_2^t| & \cdots & |X_m^{t+1}\cap D_n^{t+1}|-|X_m^t\cap D_n^t| & |X_m^{t+1}\cap D_{n+1}^{t+1}| & \cdots & |X_m^{t+1}\cap D_{n+q}^{t+1}| \\
|X_{m+1}^{t+1}\cap D_1^{t+1}| & |X_{m+1}^{t+1}\cap D_2^{t+1}| & \cdots & |X_{m+1}^{t+1}\cap D_n^{t+1}| & |X_{m+1}^{t+1}\cap D_{n+1}^{t+1}| & \cdots & |X_{m+1}^{t+1}\cap D_{n+q}^{t+1}| \\
\vdots & \vdots & \cdots & \vdots & \vdots & \cdots & \vdots \\
|X_{m+p}^{t+1}\cap D_1^{t+1}| & |X_{m+p}^{t+1}\cap D_2^{t+1}| & \cdots & |X_{m+p}^{t+1}\cap D_n^{t+1}| & |X_{m+p}^{t+1}\cap D_{n+1}^{t+1}| & \cdots & |X_{m+p}^{t+1}\cap D_{n+q}^{t+1}|
\end{vmatrix}
\end{aligned}
\tag{6.36}
$$

6.3.4 水知识增量测度方法实现

动态水知识增量测度方法的实现是基于构建的增量测度模型，本研究提出的算法主要应用于对象集不发生变化，条件属性集增加、更新或删除时，属性等价类发生变化引起矩阵变化，使用增量矩阵计算水知识增量。算法分为两个部分，算法 1 主要完成属性等价类的划分。计算基于容差关系的 KIMDRC 属性等价类划分，新容差关系以概率分布和巴氏距离为基础；算法 2 主要基于构建的模型，动态更新不同时间段的准确度、覆盖率、支持度矩阵和增量矩阵，完成水知识增量的动态测度。

6.3.4.1 算法 1 的实现步骤

属性等价类的划分主要根据基于属性概率集值计算的巴氏距离，得到不同对象之间的容差关系和上下近似值。本算法仅以一种通用的方式计算在固定时刻时对于属性等价类的划分，随着时间的变化，属性集增加、更新或是删除，亦可以此算法为基础进行拓展。

Input：

① WKS：$K_P = \langle U, \text{AT} = C \bigcup D, V = V_C \bigcup V_D, f, \sigma, P \rangle$

② The parameters δ, β

③ an attribute set $B \subseteq C$；$U = \{x_1, x_2, \cdots, x_a, \cdots, x_k\}$ $(1 \leqslant a \leqslant k)$

Output：

The lower and upper approximations of each decision class in WKS

begin

 Let $\underline{R_B^{\beta, \delta}}(X) \leftarrow \varnothing, \overline{R_B^{\beta, \delta}}(X) \leftarrow \varnothing$

 for each $x_i \in U$ do

  $\text{dB}_B^{\delta}(x_a, x_b) \leftarrow \varnothing$；

 end

 for $i = 1$ to r_i do

  for $j = 1$ to m do *// compute the similarity class for each $x_i \in U$*

   if $\forall c \in C, (x, y) \in U \times U, (x_a, x_b) \in \text{dB}$ then

$$\mathrm{dB}_c^\delta = \{(x,\ y) \in U \times U \mid \mathrm{dB}_c(x,\ y) \leqslant \delta_c\};$$

$$\mathrm{dB}_B^\delta(x_a,\ x_b) = \bigcap_{b \in B} \mathrm{dB}_b^\delta$$

     end

    end

  end

for $i = 1$ to r_i do

  for $[x]_{\mathrm{dB}_B^\delta} = \{y \mid (x,\ y) \in \mathrm{dB}_B^\delta\}$, $P(X \mid [x]_{\mathrm{dB}_B^\delta})$

$$= \frac{\mid X \cap [x]_{\mathrm{dB}_B^\delta} \mid}{\mid [x]_{\mathrm{dB}_B^\delta} \mid}$$

  if $P(X \mid [x]_{\mathrm{dB}_B^\delta}) \geqslant \beta$ then   *//compute the lower*

approximation of X

$$\underline{R_B^{\beta,\ \delta}}(X) = P(X \mid [x]_{\mathrm{dB}_B^\delta})$$

  end

  if $P(X \mid [x]_{\mathrm{dB}_B^\delta}) > 1 - \beta$ then   *//compute the upper*

approximation of X

$$\overline{R_B^{\beta,\ \delta}}(X) = P(X \mid [x]_{\mathrm{dB}_B^\delta});$$

  end

  end

 end

return $\mathrm{dB}_B^\delta(x_a,\ x_b)$, $\underline{R_B^{\beta,\ \delta}}(X)$, $\overline{R_B^{\beta,\ \delta}}(X)$

end

6.3.4.2　算法 2 的实现步骤

动态水知识增量测度算法是基于构建模型，使用一个增量矩阵来表示对象集不发生变化、属性集随时间变化的过程。水知识增量测度结果直接由增量矩阵来计算。随时间从 t 到 $t+1$ 属性集发生变化时，以新的等价类划分形成的基数值判断增量矩阵中的行或列是否发生变化，以此来更新支持度矩阵、准确度矩阵和覆盖率矩阵。算法 2 中展示了具体的算法，其中子算法 a 借鉴了 6.1.3 小节的步骤描述。

Step 1：分别计算 t 时刻的支持度矩阵、准确度矩阵和覆盖率矩阵，见子算法 a：

$$\begin{cases} \text{Sup}_t(D \mid X) = \{\text{Sup}_t(D_j \mid X_i)\}_{m \times n} \\ \text{Acc}_t(D \mid X) = \{\text{Acc}_t(D_j \mid X_i)\}_{m \times n} \\ \text{Cov}_t(D \mid X) = \{\text{Cov}_t(D_j \mid X_i)\}_{m \times n} \end{cases}$$

Step 2：构造 $t+1$ 时刻的增量矩阵并计算支持度矩阵 $\text{Sup}_{t+1}(D_j^{t+1} \mid X_j^{t+1})$ $= \{\text{Sup}_{t+1}(D_j^{t+1} \mid X_j^{t+1})\}_{(m+p) \times (n+q)}$ ，然后计算 $t+1$ 时刻的准确度矩阵和覆盖率矩阵，即 $\text{Acc}_{t+1}(D_j^{t+1} \mid X_j^{t+1}) = \{\text{Acc}_{t+1}(D_j^{t+1} \mid X_j^{t+1})\}_{(m+p) \times (n+q)}$ 和 $\text{Cov}_{t+1}(D_j^{t+1} \mid X_j^{t+1}) = \{\text{Cov}_{t+1}(D_j^{t+1} \mid X_j^{t+1})\}_{(m+p) \times (n+q)}$ ，见子算法 b。

Step 3：构建 t 时刻规则 $X_i^t \to D_j^t$ 和 $t+1$ 时刻规则 $X_i^{t+1} \to D_j^{t+1}$ 所对应的二维属性值，基于此可描述不同时期规则变化所引起的知识变化，实现动态知识增量计算。

Input：

①WKS：$K_P = \{U, \text{AT} = C \bigcup D, V = V_C \bigcup V_D, f, \sigma, P\}$ ；

②The parameters α, β ；

③an attribute set $U = \{x_1, x_2, \cdots, x_a, \cdots, x_k\}$ $(1 \leqslant a \leqslant k)$ ；$U/C = \{X_1, X_2, \cdots, X_m\}$ ；$U/D = \{D_1, D_2, \cdots, D_m\}$ ；

Output：

Support matrix，Accuracy matrix，Coverage matrix，Water knowledge at time t and $t+1$，respectively.

子算法 a：计算 t 时刻，水知识系统的支持度矩阵、准确度矩阵、覆盖率矩阵。

Begin：

```
for i = 1 to m do
    for j = 1 to rᵢ do
        Calculate the accuracy matrix Acc_t(D_j^t | X_i^t) and the
        coverage matrix
        Cov_t(D_j^t | X_i^t) at time t.
    end
end
```

for $i=1$ to m do
    for $j=1$ to r_i do
        if $\mathrm{Acc}_t(D_j^t \mid X_i^t) \geqslant \alpha$ and $\mathrm{Cov}_t(D_j^t \mid X_i^t) \geqslant \beta$ then
            Output water knowledge $X_i^t \rightarrow D_j^t$ at time t
        end
    end
end

子算法 b：计算 $t+1$ 时刻的支持度矩阵 $\mathrm{Sup}_{t+1}(D_j^{t+1} \mid X_i^{t+1})$、准确度矩阵 $\mathrm{Acc}_{t+1}(D_j^{t+1} \mid X_i^{t+1})$ 和覆盖率矩阵 $\mathrm{Cov}_{t+1}(D_j^{t+1} \mid X_i^{t+1})$。

Calculate the accuracy matrix $\mathrm{Acc}_{t+1}(D_j^{t+1} \mid X_i^{t+1})$ and $\mathrm{Cov}_{t+1}(D_j^{t+1} \mid X_i^{t+1})$ at time $t+1$ and output increased water knowledge.

for $i=1$ to $m+p$ do
    for $j=1$ to $n+q$ do
        for $\mathrm{Acc}_{t+1}(D_j^{t+1} \mid X_i^{t+1})$ and $\mathrm{Cov}_{t+1}(D_j^{t+1} \mid X_i^{t+1})$ then
            Output increased water knowledge for the rule $X_j^{t+1} \rightarrow D_j^{t+1}$ at time $t+1$
        end
    end
end

子算法 c：$t+1$ 时刻，基于属性集的变化构建增量矩阵，分为两种情形，一是属性集的添加和更新，二是属性集的删除。

Consider M，N（$\forall M \in \mathrm{M}$，$\forall N \in \mathrm{N}$）enter system or update attribute set at time $t+1$，find nonzero A_{ij}.

for every M，N do
    for $i=1$ to $m+p$，$p=0$ do
        for $j=1$ to，$q=0$ do
            if $X^{t+1} \in X_i = false$ then
                if $D^{t+1} \in D_j = false$ then
                    obtain new condition class and new decision class，update A_{ij} then $p++$，$q++$;
                else
                    obtain r new condition class，update A_{ij} then $p++$;
                end
        end

```
          if $X^{t+1} \in X_i = true$ then
            if $D^{t+1} \in D_j = false$ then
              obtain new decision class，update $A_{ij}$ then $q++$ ；
            else
              update $A_{ij}$
            end
          end
        end
      end
    end
  end
Consider $Z$（ $\forall Z \in Z$ ）gets out of system at time $t+1$ ，find nonzero $B_{ij}$ .
  for every $Z$ do
    for $i=1$ to $m$ do
      for $j=1$ to $r_i$ do
        update $B_{ij}$
      end
    end
  end
```

6.4　公民水知识增量测度：以河南省为例

本部分研究以 6.2 节得到的水知识增量基础测度指标为基础，设计调查问卷在河南省范围内获取最新数据，并对指标进行优化。基于 6.3 节设计的动态知识增量算法的水知识增量测度模型，以获取的有效数据验证增量测度方法的可行性，同时实现公民水知识增量的动态测度。

6.4.1　水知识增量的测度指标优化

6.4.1.1　数据来源

本部分研究根据 6.2 节的测度指标初选，共有 54 个基础测度指标，除去专家主观判断删除的三个指标，得到包含水科学基础知识、水资源与环境知识等 5 个大类的 51 个基础测度指标的原始测度指标体系。基于这些测度指标制定公民水知识存量调查问卷。为保证与 2019 年数据结果进行对比分析及数据的分析统一，以获取知识增量结果，本次调查问卷依然选择以李克特5级量表的形式设计。调查问卷的研究数据来自问卷星的线上调查，分别对河南省不同区域与年龄阶段的人群进行点对点随机发放，设置了5个调查链接，共计300份问卷。对调查问卷进行初步筛选，有效数据样本为214份，样本有效率为71.33%。

在对数据进行主成分分析时，必须要保证问卷的信效度符合分析的基本要求。本研究采用SPSS 24.0对问卷数据进行信效度检验，主要的参考指标为内部一致性系数（Cronbach's α）、KMO（Kaiser-Meyer-Olkin）检验统计量以及巴特利特（Bartlett）球形检验。此外需保证每一项参考指标所对应的显著性 P 值小于0.05。基于此，调查问卷的 Cronbach's α 系数为0.960，基于标准化项的 Cronbach's α 系数为0.959，说明调查问卷的总体具有较好的信度。对问卷数据进行 KMO 检验，得到该问卷的 KMO 值为0.914，巴特利特（Bartlett）球形检验近似卡方6 402.850，显著性 P 值为0.000，公因子的累积方差贡献率为64.109%，且每个条目在一个公因子上的负荷值大于0.4，其他公因子负荷值在0.4以下，说明水知识存量认知调查问卷具有较高的效度。基于得到的基础测度指标以及提出的基于信息贡献率的水知识增量测度指标优化方法，对公民水知识增量的测度因素进行筛选与优化，剔除信息贡献率相对较低的测度指标，使得测度结果更加科学合理。

6.4.1.2　水知识存量基础测度指标优化

根据水知识增量测度指标优化设计的方法以及获取的有效数据，基于信息贡献率剔除对水知识增量测度贡献程度不高的测度指标，形成较为科学合理的测度指标体系，为进一步实现水知识动态增量测度奠定基础。具体的步骤如下。

（1）对初步筛选后的数据做 Z 标准化处理。在做标准化之前已经对数据的有效性进行了分析，因此不再将原始数据列出，表6-6仅列出标准化后的数据。将预删除指标之后保存下来的指标所有数据代入式（6.10），标准化后的数据分别列于表6-6第3列到第217列。

表 6-6 Z 标准化处理后的数据

指标层	测度指标	样本 1	样本 2	…	样本 214
水科学基础知识	水的化学知识，如水的化学成分和化学式等（W_1）	0.03	0.03	…	−1.24
	…	…	…	…	
	水表的功能和读取数据（W_5）	0.39	−0.61	…	0.39
	…	…	…	…	…
	回收并利用雨水（W_{14}）	2.52	−0.59	…	0.45
水资源与水环境知识	地球上水的基本分布状况以及主要的海洋和江河湖泊（W_{15}）	0.80	−0.44	…	0.80
	…	…	…	…	…
	人类活动给水生态环境带来的负面影响（如过度开发、排污等人类活动；影响引起水土流失、水环境污染等）（W_{19}）	2.35	−0.19	…	−0.19
	…	…	…	…	…
	环保投诉官方举报电话 12369 以及所在地水污染举报电话（W_{30}）	0.02	−0.86	…	0.02
节水知识	节约用水基本做法及其影响（W_{33}）	1.65	0.17	…	0.17
	…	…	…	…	…
	农业灌溉系统、行业节水技术相关知识（W_{36}）	−0.81	−0.81	…	−0.81
水安全与水管理知识	对洪灾、旱灾的认识以及其发生时应对措施（W_{37}）	1.51	−0.67	…	0.42
	…	…	…	…	…
	了解实时更新的区域行业和生活用水定额（W_{44}）	1.86	−1.00	…	−1.00
	…	…	…	…	…
	水人权概念（W_{50}）	0.16	−0.84	…	−0.84
水的商品属性	阶梯水价的含义（W_{51}）	0.57	−0.40	…	0.57
	…	…	…	…	…
	水价在水资源配置、水需求调节的作用（W_{54}）	2.57	−0.57	…	−0.57

（2）基于 Z 标准化后的数据计算相关系数矩阵 $\boldsymbol{R} = \left[r_{ii'}\right]_{51\times51}$。将标准化后的数据代入公式（6.11），计算得到相关系数矩阵。此计算及过程均使用 SPSS 24.0 软件实现，51 个指标的相关系数矩阵见表 6-7。

（3）将相关系数矩阵 $\boldsymbol{R} = \left[r_{ii'}\right]_{51\times51}$ 代入公式（6.12），得到特征值 λ_i，并将特征值按照其大小进行排列，见表 6-8 第二列。将得到的特征值 λ_i 代入公式（6.13），进一步计算主成分 Z_i（Z_i 为第 i 个主成分，$i = 1, 2, \cdots, k$，k 为保留主成分的个数）的方差贡献率 ω_i，见表 6-8 第三列。基于各主成分的方差贡献率，代入公式（6.14），计算前 k 个主成分的累计方差贡献率 U_k，见表 6-8 第四列。

表 6-7　标准化后指标数据的相关系数矩阵

指标	W_1	W_2	W_3	W_4	W_5	W_6	⋯	W_{54}
W_1	1.000	0.690	0.484	0.313	0.286	0.164	⋯	0.272
W_2	0.690	1.000	0.370	0.294	0.269	0.191	⋯	0.192
W_3	0.484	0.370	1.000	0.272	0.243	0.114	⋯	0.240
W_4	0.313	0.294	0.272	1.000	0.387	0.299	⋯	0.444
W_5	0.286	0.269	0.243	0.387	1.000	0.372	⋯	0.245
W_6	0.164	0.191	0.114	0.299	0.372	1.000	⋯	0.224
⋯	⋯	⋯	⋯	⋯	⋯	⋯	⋯	⋯
W_{51}	0.272	0.192	0.240	0.444	0.245	0.224	⋯	1.000

表 6-8　特征值与方差贡献率

指标	特征值 λ_i	方差贡献率 ω_i /%	累计方差贡献率 U_k /%
W_1	17.651	32.688	32.688
W_2	3.867	7.160	39.848

续　表

指标	特征值 λ_i	方差贡献率 ω_i /%	累计方差贡献率 U_k /%
W_3	2.018	3.736	43.584
W_4	1.639	3.034	46.619
W_5	1.559	2.887	49.506
W_6	1.437	2.661	52.167
...	...	...	...
W_{22}	0.667	1.235	79.380
W_{23}	0.648	1.201	80.581
...	...	...	...
W_{54}	0.117	0.217	100.000

（4）根据表 6-8 第四列的累计方差贡献率结果可知，前 22 个指标的累计方差贡献率未达到 80%，前 23 个指标的累计方差贡献率超过了 80%，因此前 23 个主成分携带有原始指标信息的信息量已满足标准，因此保留这些主成分。此计算过程仅为基于信息贡献率的指标筛选提供支撑，保证保留的主成分能够携带原始指标的绝大多数信息，不过分强调此筛选结果对于本研究指标优化的具体意义。

（5）计算正交单位化相关系数矩阵的特征向量 $\boldsymbol{p}_j^{\mathrm{T}} = (p_{i1}, p_{i1}, \cdots p_{ij}, \cdots, p_{im})$。根据公式（6.12）和（6.15）计算获得。将全部数据构成的初始矩阵以及特征值代入公式，计算特征向量正交标准化取绝对值的结果，根据上一步骤，选取前 23 个主成分的特征向量绝对值结果置于表 6-9。根据公式（6.12）可知主成分 Z_i 对指标 X_j 的差分值，即第 i 个主成分受第 j 个指标大小变化影响的程度 α_{ij}。由于指标数量较大，在计算每个指标对应的特征向量时，采用 MATLAB R2021a 软件进行计算，将相关系数矩阵写入计算特征向量的代码中，得到具体的结果。

表 6-9　特征向量正交标准化取绝对值结果

指标	特征向量 $\mid p_{1i'}\mid$	特征向量 $\mid p_{2i'}\mid$	特征向量 $\mid p_{3i'}\mid$	特征向量 $\mid p_{4i'}\mid$	…	特征向量 $\mid p_{23i'}\mid$	信息贡献率 $\beta_{i'}$
W_1	0.048 75	0.187 99	0.230 79	0.171 32	…	0.111 61	0.087 25
W_2	0.076 03	0.289 98	0.241 01	0.111 68	…	0.025 81	0.097 20
W_3	0.047 74	0.082 12	0.033 64	0.029 34	…	0.272 13	0.058 40
W_4	0.085 54	0.013 96	0.123 76	0.013 74	…	0.033 3	0.077 97
W_5	0.078 75	0.049 42	0.032 69	0.001 03	…	0.000 59	0.064 62
…	…	…	…	…	…	…	…
W_{22}	0.113 66	0.014 76	0.099 02	0.007 76	…	0.030 28	0.077 40
W_{23}	0.079 88	0.152 85	0.084 49	0.116 77	…	0.173 74	0.073 38
…	…	…	…	…	…	…	…
W_{54}	0.202 94	0.015 54	0.169 64	0.104 12	…	0.225 77	0.107 99

（6）根据公式（6.17）计算主成分 Z_i 所反映的原始指标集对指标 $X_{i'}$ 的信息贡献度 $\beta_{ii'}$。将表 6-8 的前 23 行的方差贡献率 ω_i 及表 6-9 中前 23 个指标特征向量正交标准化取绝对值结果代入公式，可得到全部 51 个指标的信息贡献程度 $\beta_{ii'}$。基于信息贡献程度 $\beta_{ii'}$ 的计算结果，代入公式（6.18），可得指标 $X_{i'}$ 的信息贡献率，见表 6-9 最后一列。

（7）将表 6-9 中的信息贡献率按照由大到小的顺序进行排列，置于表6-10 第二列。根据公式（6.19），计算指标 $X_{i'}$ 的综合信息贡献率，结果列于表6-10 第三列。根据公式（6.20），计算指标 $X_{i'}$ 的累计信息贡献率，结果列于表6-10 第四列。

表 6-10　基于信息贡献率的指标筛选与权重

排序后的指标	排序后的信息贡献率	综合信息贡献率	累计信息贡献率	累计信息贡献率百分比	保留与剔除指标
W_{18}	0.187 49	0.040 10	0.041 00	4.10%	保留
W_{52}	0.185 93	0.040 66	0.081 66	8.17%	保留
W_{49}	0.147 93	0.032 35	0.114 00	11.40%	保留
W_{24}	0.138 10	0.030 20	0.144 20	14.42%	保留
W_{6}	0.127 73	0.027 93	0.172 14	17.21%	保留
W_{33}	0.124 65	0.027 26	0.199 39	19.94%	保留
W_{28}	0.117 45	0.025 68	0.225 08	22.51%	保留
W_{45}	0.115 42	0.025 24	0.250 31	25.03%	保留
W_{44}	0.108 88	0.023 81	0.274 12	27.41%	保留
W_{54}	0.107 99	0.023 62	0.297 74	29.77%	保留
W_{21}	0.107 24	0.023 45	0.321 19	32.12%	保留
W_{30}	0.102 96	0.022 52	0.343 71	34.37%	保留
W_{26}	0.101 03	0.022 10	0.365 80	36.58%	保留
W_{14}	0.098 71	0.021 59	0.387 39	38.74%	保留
W_{48}	0.097 84	0.021 40	0.408 78	40.88%	保留
W_{9}	0.097 8	0.021 39	0.430 17	43.02%	保留
W_{2}	0.097 20	0.021 26	0.451 43	45.14%	保留
W_{43}	0.097 04	0.021 22	0.172 65	47.26%	保留
W_{39}	0.096 97	0.021 21	0.493 85	49.39%	保留
W_{35}	0.096 48	0.021 10	0.514 95	51.50%	保留
W_{53}	0.093 68	0.020 49	0.535 44	53.54%	保留
W_{41}	0.090 94	0.019 89	0.555 32	55.53%	保留

排序后的指标	排序后的信息贡献率	综合信息贡献率	累计信息贡献率	累计信息贡献率百分比	保留与剔除指标
W_{13}	0.090 78	0.019 85	0.575 17	57.52%	保留
W_{46}	0.089 47	0.019 57	0.594 74	59.47%	保留
W_1	0.087 25	0.019 08	0.613 82	61.38%	保留
W_{29}	0.083 28	0.018 21	0.632 03	63.20%	保留
W_{10}	0.081 02	0.017 72	0.649 74	64.97%	保留
W_{38}	0.079 97	0.017 49	0.667 23	66.72%	保留
W_4	0.077 97	0.017 05	0.684 28	68.43%	保留
W_{37}	0.077 49	0.016 95	0.701 23	70.12%	保留
W_{22}	0.077 40	0.016 93	0.718 15	71.82%	保留
W_{11}	0.076 26	0.016 68	0.734 83	73.48%	保留
W_{27}	0.076 21	0.016 67	0.751 50	75.15%	保留
W_7	0.074 21	0.016 23	0.767 73	76.77%	保留
W_{34}	0.074 04	0.016 19	0.783 92	78.39%	保留
W_{23}	0.073 38	0.016 05	0.799 97	80.00%	保留
W_{17}	0.070 96	0.015 52	0.815 48	81.55%	保留
W_{50}	0.068 64	0.015 01	0.830 49	83.05%	保留
W_{25}	0.067 56	0.014 77	0.845 27	84.53%	保留
W_{19}	0.067 51	0.014 76	0.860 03	86.00%	保留
W_{51}	0.066 99	0.014 65	0.874 68	87.47%	保留
W_{16}	0.066 51	0.014 54	0.889 22	88.92%	保留
W_5	0.064 61	0.014 13	0.903 35	90.34%	剔除
W_{15}	0.064 61	0.014 13	0.917 48	91.75%	剔除

续　表

排序后的 指标	排序后的信息贡 献率	综合信息贡 献率	累计信息贡 献率	累计信息贡献 率百分比	保留与剔除 指标
W_{12}	0.059 52	0.013 02	0.930 50	93.05％	剔除
W_{36}	0.058 99	0.012 90	0.943 40	94.34％	剔除
W_3	0.058 40	0.012 77	0.956 17	95.62％	剔除
W_{20}	0.058 31	0.012 75	0.968 92	96.89％	剔除
W_{40}	0.057 58	0.012 59	0.981 51	98.15％	剔除
W_{47}	0.056 06	0.012 26	0.993 77	99.38％	剔除
W_8	0.028 49	0.006 23	1.000 00	100.00％	剔除

（8）基于信息贡献率的水知识增量测度指标优化方法，最终得到删除指标的标准选取满足累计信息贡献率 γ_m 的值大于 90％ 的前 42 个指标予以保留。因此，根据设定的阈值，将保留与删除的指标结果分别列于表 6-10 的倒数第二列。

（9）计算所有指标的权重，包含已删除的指标。根据公式（6.19），对于指标的赋权用一个指标的信息贡献率与全部指标的信息贡献率和的比值计算每个指标的权重，将最终确定的权重列于表 6-11。由于权重的赋值直接影响到下一小节基于概率集值的动态粗糙集知识增量测度的结果，因此需要根据得到的所有赋权结果，将剔除指标删除后，对剩余指标进行重新赋权，具体结果见表 6-11。

表 6-11　优化后指标的最终权重

原始指标	原始权重	重新赋权	原始指标	原始权重	重新赋权
W_{18}	0.040 10	0.046 1	W_{41}	0.019 89	0.022 4
W_{52}	0.040 66	0.045 7	W_{13}	0.019 85	0.022 3
W_{49}	0.032 35	0.036 4	W_{46}	0.019 57	0.022 0
W_{24}	0.030 20	0.034 0	W_1	0.019 08	0.021 5

原始指标	原始权重	重新赋权	原始指标	原始权重	重新赋权
W_6	0.027 93	0.031 4	W_{29}	0.018 21	0.020 5
W_{33}	0.027 26	0.030 7	W_{10}	0.017 72	0.019 9
W_{28}	0.025 68	0.028 9	W_{38}	0.017 49	0.019 7
W_{45}	0.025 24	0.028 4	W_4	0.017 05	0.019 2
W_{44}	0.023 81	0.026 8	W_{37}	0.016 95	0.019 1
W_{54}	0.023 62	0.026 6	W_{22}	0.016 93	0.019 0
W_{21}	0.023 45	0.026 4	W_{11}	0.016 68	0.018 8
W_{30}	0.022 52	0.025 3	W_{27}	0.016 67	0.018 7
W_{26}	0.022 10	0.024 8	W_7	0.016 23	0.018 3
W_{14}	0.021 59	0.024 3	W_{34}	0.016 19	0.018 2
W_{48}	0.021 40	0.024 1	W_{23}	0.016 05	0.018 0
W_9	0.021 39	0.024 1	W_{17}	0.015 52	0.017 5
W_2	0.021 26	0.023 9	W_{50}	0.015 01	0.016 9
W_{43}	0.021 22	0.023 9	W_{25}	0.014 77	0.016 6
W_{39}	0.021 21	0.023 8	W_{19}	0.014 76	0.016 6
W_{35}	0.021 10	0.023 7	W_{51}	0.014 65	0.016 5
W_{53}	0.020 49	0.023 0	W_{16}	0.014 54	0.016 4

6.4.1.3 水知识存量基础测度指标优化结果分析

由实证研究结果可知，保留了包括"饮用水水源地的地理位置及供水区域（W_{18}）""水权制度（知道水资源属于国家所有，单位和个人可以依法依规使用和处置，须由水行政主管部门颁发取水许可证并向国家缴纳水资源费（税）（W_{52}）""各级水行政部门颁布的涉水法律和规定（W_{49}）""植树造林、退耕还林等活动的目的（W_{24}）"等42个公民水知识增量测度指标。剔除了包括"水表的功能和读取数据（W_5）""地球上水的基本分布状况以及主要的海洋和江河湖泊（W_{15}）""自然界的水在太阳能和重力作用下形成水循环的方式（如蒸腾，降水，径流等）（W_{12}）""农业灌溉系统，行业节水技术相关知识（W_{36}）""水对生命体的重要性以及所占比重（W_3）""合理开发和利用水资源（W_{20}）""饮用受污染的水会对人体造成危害（如导致消化系统疾病、传染病、皮肤病等，甚至导致死亡）（W_{40}）""中国水利管理组织体系的职责和作用（W_{47}）""与水相关的诗词、成语、谚语，例如"上善若水"等（W_8）"等9个指标。

将计算过程及保留的结果对相关领域的专家进行再次咨询，均认为保留的各指标能代表测度公民水知识增量的某一知识点，是构成测度指标的基础。根据调研数据剔除的测度指标可能与保留的测度指标存在信息重叠，也可能因携带较少的公民水知识信息。例如指标 W_5 "水表的功能和读取数据"可认为这应该是公民需要掌握的一种技能，而且水表作为公民计量用水量的重要工具已经随着时代的发展逐渐趋于便捷化和简单化，公民能够很容易地查看水表数据。此外，水表的使用与指标 W_{11} "家庭漏水自我检测和基本防护知识"存在信息重叠，家庭漏水自我检测首要工作是能够查看水表的读数与实际用水量存在差异。指标 W_{15} "地球上水的基本分布状况以及主要的海洋和江河湖泊"是指标 W_{17} "中国的水分布特点以及重要水系、雪山、冰川、湿地、河流和湖泊等"的延伸，两指标存在信息重叠。本研究主要的测度对象是中国公民，因此 W_{15} 对于公民水知识的贡献程度有限，这可能是指标删除的另一客观原因。指标 W_{12} "自然界的水在太阳能和重力作用下形成水循环的方式（如蒸腾，降水，径流等）"主要展示了水循环的方式，属于更为微观的水循环分类，这与指标 W_{11} "水循环的分类、作用及影响"存在信息重叠，W_{12} 是 W_{11} 的一个重要知识点。剩余其他剔除指标不再详细介绍，结合第3章得到的水知识存量测度指标体系构成，最终形成了新的指标体系，而该指标体系相对于表6-4仅改变了基础测度指标，故在此不再将新的测度指标体系列出。

综上所述，通过剔除信息贡献率低的公民水知识增量测度指标，暂时保留了全部54个测度指标中的42个信息贡献度较高的基础测度指标，该指标优化结果具有一定的可信性，也能体现出随着时间的推移指标的动态变化，这为实现水知识增量测度的科学性提供了重要的支撑。

6.4.2　水知识增量测度研究

6.4.2.1　基础测度指标概述与数据获取

根据基础测度指标优化结果，得到由42个基础测度指标构成的新水知识存量测度基础指标，见表 6-12，同时已列出最终测度指标与原始测度指标的对应符号。最新形成的测度指标相对于第 4 章中得到的指标，保留了 23 个原始指标，修正了 6 个指标，添加了 13 个指标。研究数据来自问卷星的线上调查，为保证数据的有效性且能够与 2019 年的数据调研区域基本保持一致，特委托问卷星平台在河南省范围内进行随机调查，共计 630 份问卷，保证剔除不符合要求的问卷后，有效样本量仍能够保证与 2019 年调查结果在数量上基本保持一致。最终有效数据样本为 555 份，样本有效率为 88.10%，随机选取其中的 472 份样本作为测度数据代入模型。

表 6-12 水知识存量测度最终指标体系与权重

指标	指标状态	权重	原指标编号	指标	指标状态	权重	原指标编号
W_1	原始指标	0.021 5	V_{29}	W_{28}	原始指标	0.028 9	V_{25}
W_2	原始指标	0.023 9	V_{16}	W_{29}	原始指标	0.020 5	V_{31}
W_3	删除指标	—	V_{33}	W_{30}	修正指标	0.025 3	V_{35}
W_4	添加指标	0.019 2	—	W_{31}	删除指标	—	V_{27}
W_5	添加后删除	—	—	W_{32}	删除指标	—	V_{36}
W_6	添加指标	0.031 4	—	W_{33}	修正指标	0.030 7	V_{37}
W_7	添加指标	0.018 3	—	W_{34}	添加指标	0.018 2	—
W_8	添加后删除	—	—	W_{35}	添加指标	0.023 7	—
W_9	添加指标	0.024 1	—	W_{36}	删除指标	—	V_7 和 V_{10}
W_{10}	原始指标	0.019 9	V_{32}	W_{37}	修正指标	0.019 1	V_1
W_{11}	修正指标	0.018 8	V_{12}	W_{38}	原始指标	0.019 7	V_4
W_{12}	删除指标	—	V_{15}	W_{39}	原始指标	0.023 8	V_8
W_{13}	原始指标	0.022 3	V_{11}	W_{40}	添加后删除	—	—
W_{14}	原始指标	0.024 3	V_{38}	W_{41}	添加指标	0.022 4	

续 表

指标	指标状态	权重	原指标编号	指标	指标状态	权重	原指标编号
W_{15}	删除指标	—	V_6	W_{42}	删除指标	—	V_{34}
W_{16}	原始指标	0.016 4	V_{13}	W_{43}	添加指标	0.023 9	—
W_{17}	原始指标	0.017 5	V_{30}	W_{44}	修正指标	0.026 8	V_3
W_{18}	添加指标	0.046 1	—	W_{45}	原始指标	0.028 4	V_5
W_{19}	修正指标	0.016 6	V_{14}	W_{46}	原始指标	0.022	V_9
W_{20}	删除指标	—	V_{20}	W_{47}	删除指标	—	V_{21}
W_{21}	原始指标	0.026 4	V_{28}	W_{48}	原始指标	0.024 1	V_{23}
W_{22}	原始指标	0.019	V_{40}	W_{49}	添加指标	0.036 4	—
W_{23}	原始指标	0.018	V_{39}	W_{50}	添加指标	0.016 9	—
W_{24}	添加指标	0.034	—	W_{51}	原始指标	0.016 5	V_{26}
W_{25}	原始指标	0.016 6	V_{17}	W_{52}	原始指标	0.045 7	V_{22}
W_{26}	原始指标	0.024 8	V_{18}	W_{53}	添加指标	0.023	—
W_{27}	原始指标	0.018 7	V_{24}	W_{54}	原始指标	0.026 6	$V19$

注：指标状态是现有指标相对于第 4 章得到的水知识存量测度指标，原始指标中的 V_2 在指标更新时根据专家主观判断已删除，故对应的原始指标编号仅有 39 个指标。

6.4.2.2 水知识动态增量测度研究

本部分以 2019 年基础测度指标（属性集合）和 2021 年基础测度指标（属性集合）获取的数据，分别设定为 t 和 $t+1$ 时刻。对在 t 和 $t+1$ 时刻获取的数据基于概率集值的容差关系属性等价类划分方法，对相应时间的有效样本量进行条件属性集和决策属性集的划分，通过构建的水知识增量测度模型获取 t 到 $t+1$ 时刻所有调查对象的增量矩阵，以此动态测度公民的水知识增量。将 2019 年的 40 个指标作为 t 时刻的条件属性集，2021 年的 42 个指标作为 $t+1$ 时刻的条件属性集，决策属性集在不同时刻保持不变。

t 时刻，定义一个完整的水知识系统为 $K_P = \langle U, AT = C \bigcup D, V = V_C \bigcup V_D, f, \sigma, P \rangle$，$U = \{x_1, x_2, \cdots, x_{472}\}$，$C^t = \{C_1, C_2, \cdots, C_{40}\}$，$D^t = \{d_1, d_2, d_3, d_4, d_5\}$，即条件属性集的取值含义为 $V_C = \{$不了解/不清楚，不太了解/不太清楚，一般，基本了解/基本清楚，非常了解/非常清楚$\} = \{1, 2, 3, 4, 5\}$，决策属性集的取值含义为 $V_D = \{$不具备，基本不具备，一般，基本具备，具备$\} = \{1, 2, 3, 4, 5\}$。参考文献［286］，本研究将决策属性值以每位调查对象条件属性集取值的平均值确定，平均值在 2 以下时认为公民不具备一定量的水知识，对应的决策属性值为 1；平均值在 2～3 之间时认为公民基本不具备一定量的水知识，对应的决策属性值为 2，平均值在 3～3.5 之间时认为公民拥有的水知识量一般，对应的决策属性值为 3；平均值在 3.5～4 之间时认为公民基本具备相应的水知识，对应的决策属性值为 4；平均值在 4～5 之间时认为公民具备相应的水知识，对应的决策属性值为 5。

根据 6.3.2 小节基于容差关系的属性等价类划分计算方法，对 472 个调查对象的相似条件属性类别、条件属性等价类以及决策属性等价类进行划分。t 时刻选取的调查对象形成的水知识系统选择分类与属性值见表 6-13。此处条件属性的概率集值根据第 5 章知识重要性程度的计算结果，以水知识重要性程度的综合模糊概率为基础，计算所有基础测度指标的概率值，见表 6-13 最后一列。

根据公式（6.23）～（6.27），计算所有对象之间的容差关系，及其上下边界，完成条件属性等价类和决策属性等价类的划分，整个过程根据计算公式采用 MATLAB 编辑代码进行计算。结果显示共得到 16 个选择类别，条件属性等价类和决策属性等价类划分结果为：$U/C^{t+1} = \{X_1, X_2, X_3, X_4, X_5, X_6, X_7, X_8, X_9, X_{10}\}$，$U/D^{t+1} = \{D_1, D_2, D_3, D_4, D_5\}$，其中 $X_1^t = \{x_1^t, x_2^t\}$、$X_2^t = \{x_3^t\}$、$X_3^t = \{x_4^t, x_5^t\}$、$X_4^t = \{x_6^t, x_7^t\}$、$X_5^t = \{x_8^t\}$、$X_6^t = \{x_9^t, x_{10}^t\}$、$X_7^t = \{x_{11}^t\}$、$X_8^t = \{x_{12}^t, x_{13}^t\}$、$X_9^t = \{x_{14}^t\}$、$X_{10}^t = \{x_{14}^t\}$，$D_1^t = \{x_{13}^t, x_{14}^t, x_{15}^t\}$、$D_2^t = \{x_{10}^t, x_{11}^t, x_{12}^t\}$、$D_3^t = \{x_5^t, x_7^t, x_8^t, x_9^t\}$、$D_4^t = \{x_2^t, x_3^t, x_4^t, x_6^t\}$、$D_5^t = \{x_1^t\}$。根据公式（6.28）计算每一类选择的基数完成属性类别的划分，最终计算结果 S_{xi} 的值小于 0.01 时，则认为二者属于同一类别，记为 Num^t，计算结果见表 6-13 最后一行，其总数为 472，与 2019 年调查对象的数量相对应。

基于上述结果以及公式（6.20），构建 t 时刻 $X_i^t \rightarrow D_j^t$ 的支持度矩阵：

$$\mathrm{Sup}_t(D_j^t \mid X_i^t) = \mid X_i^t \bigcap D_j^t \mid = \begin{pmatrix} 0 & 0 & 0 & 4 & 9 \\ 0 & 0 & 0 & 24 & 0 \\ 0 & 0 & 5 & 42 & 0 \\ 0 & 0 & 37 & 11 & 0 \\ 0 & 0 & 84 & 0 & 0 \\ 0 & 34 & 39 & 0 & 0 \\ 0 & 89 & 0 & 0 & 0 \\ 9 & 38 & 0 & 0 & 0 \\ 30 & 0 & 0 & 0 & 0 \\ 17 & 0 & 0 & 0 & 0 \end{pmatrix}$$

根据定义6.4计算准确度、覆盖率矩阵：

$$\mathrm{Acc}_t(D_j^t \mid X_i^t) = \mid X_i^t \bigcap D_j^t \mid / \mid X_i^t \mid$$

$$= \begin{pmatrix} 0 & 0 & 0 & 0.308 & 0.692 \\ 0 & 0 & 0 & 1 & 0 \\ 0 & 0 & 0.106 & 0.994 & 0 \\ 0 & 0 & 0.771 & 0.229 & 0 \\ 0 & 0 & 1 & 0 & 0 \\ 0 & 0.466 & 0.534 & 0 & 0 \\ 0 & 1 & 0 & 0 & 0 \\ 0.191 & 0.809 & 0 & 0 & 0 \\ 1 & 0 & 0 & 0 & 0 \\ 1 & 0 & 0 & 0 & 0 \end{pmatrix}$$

$$\mathrm{Cov}_t(D_j^t \mid X_i^t) = \mid X_i^t \bigcap D_j^t \mid / \mid D_j \mid$$

$$= \begin{pmatrix} 0 & 0 & 0 & 0.049 & 0.444 \\ 0 & 0 & 0 & 0.296 & 0 \\ 0 & 0 & 0.030 & 0.519 & 0 \\ 0 & 0 & 0.224 & 0.136 & 0 \\ 0 & 0 & 0.509 & 0 & 0 \\ 0 & 0.211 & 0.236 & 0 & 0 \\ 0 & 0.553 & 0 & 0 & 0 \\ 0.161 & 0.236 & 0 & 0 & 0 \\ 0.536 & 0 & 0 & 0 & 0 \\ 0.303 & 0 & 0 & 0 & 0 \end{pmatrix}$$

表6-13 时间 t 水知识系统调查对象选择分类与属性值

条件属性/属性类别	x_{61} x_1^t	x_{336} x_2^t	x_{27} x_3^t	x_{67} x_4^t	x_{261} x_5^t	x_{108} x_6^t	x_{451} x_7^t	x_{119} x_8^t	x_{435} x_9^t	x_{354} x_{10}^t	x_{53} x_{11}^t	x_{87} x_{12}^t	x_{33} x_{13}^t	x_{366} x_{14}^t	x_{100} x_{15}^t	概率集值
C_1	4	5	2	3	2	2	2	3	4	2	2	2	2	1	1	0.032 5
C_2	5	5	3	3	3	2	3	2	4	2	2	3	2	1	2	0.041 8
C_3	4	4	4	2	2	2	4	2	2	3	2	4	2	2	1	0.007 6
C_4	4	2	2	4	2	4	3	4	1	4	4	1	3	3	2	0.003 7
C_5	4	4	3	4	4	4	4	4	4	4	2	2	2	2	2	0.000 8
⋮	⋮	⋮	⋮	⋮	⋮	⋮	⋮	⋮	⋮	⋮	⋮	⋮	⋮	⋮	⋮	⋮
C_{19}	4	4	3	3	4	3	2	2	3	3	3	2	2	2	2	0.044 2
C_{20}	4	4	3	4	3	3	1	3	3	3	2	2	2	2	1	0.013 6
C_{21}	4	4	3	5	2	2	3	4	4	2	3	2	1	2	2	0.004 1
C_{22}	4	3	3	5	4	2	4	3	5	2	2	1	1	1	2	0.014 6
⋮	⋮	⋮	⋮	⋮	⋮	⋮	⋮	⋮	⋮	⋮	⋮	⋮	⋮	⋮	⋮	⋮
C_{36}	4	3	4	2	3	3	5	2	3	2	3	1	3	1	1	0.039 9
C_{37}	4	4	4	4	3	4	3	3	4	3	2	4	2	2	2	0.109 5
C_{38}	4	3	4	4	4	4	5	4	1	3	3	2	2	2	1	0.010 5
C_{39}	3	4	4	2	4	4	4	2	4	2	2	4	3	1	2	0.067 8
C_{40}	4	4	4	3	3	4	5	3	4	3	3	4	2	1	2	0.109 5
d	5	4	2	4	3	4	3	3	3	2	2	2	1	1	1	—
Num^t	9	4	24	42	5	11	37	84	39	34	89	38	9	30	17	—

注：选择分类中的属性值（如 x_1）仅选取位于中位数的一位调查者结果作为代表。表6-14 与此相同。

$t+1$ 时刻，定义一个完整的水知识系统为 $K'_P = \langle U', C' \bigcup D', V',$ $f', \sigma, P' \rangle$，$U = \{x_1, x_2, \cdots, x_{472}\}$，$C^{t+1} = \{C_1, C_2, \cdots, C_{42}\}$，$D^{t+1} = \{d_1, d_2, d_3, d_4, d_5\}$，属性集的取值与 t 时刻时保持一致，表 6-12 的结果显示，最新的测度指标共有 42 个，给定的新水知识系统，对象集为 U 和决策属性集 D 不随时间发生变化，系统中的条件属性集增加了 13 个新属性，集合表示为 M；修正了 6 个属性，集合表示为 N；删除了 11 个无用属性，集合表示为 Z。决策属性的确定标准以及等价类划分计算方法保持不变，对 $t+1$ 时刻的 472 个调查对象进行属性选择类别以及决策等价类和属性等价类的划分。基于 $t+1$ 时刻所得数据总量，随机选取 472 份问卷，作为水知识增量测度数据，与 2019 年的数据量以及最终计算的基数保持一致，便于判别对象集不发生改变，仅改变决策属性集和条件属性集，对整个知识系统的动态影响，具体的选择分类和属性值见表 6-14。此处的概率集值根据 6.4.1 小节，对水知识增量测度指标的赋权作为所有基础测度指标的概率值，所有指标的概率值见表 6-14 最后一列。基于上述过程，完成 $t+1$ 时刻水知识系统的条件属性等价类与决策属性等价类的划分，并计算其对应的基数。

根据公式和算法计算所有对象属性选择的容差关系，对条件属性等价类和决策属性等价类进行划分，共得到 23 个选择类别，条件属性等价类和决策属性等价类划分结果为：$U/C^{t+1} = \{X_1, X_2, X_3, X_4, X_5, X_6, X_7, X_8, X_9, X_{10}, X_{11}, X_{12}\}$，$U/D^{t+1} = \{D_1, D_2, D_3, D_4, D_5\}$。其中 $X_1^{t+1} = \{x_1^{t+1}\}$、$X_2^{t+1} = \{x_2^{t+1}, x_3^{t+1}\}$、$X_3^{t+1} = \{x_4^{t+1}, x_5^{t+1}\}$、$X_4^{t+1} = \{x_6^{t+1}, x_7^{t+1}\}$、$X_5^{t+1} = \{x_8^{t+1}, x_9^{t+1}, x_{10}^{t+1}\}$、$X_6^{t+1} = \{x_{11}^{t+1}, x_{12}^{t+1}, x_{13}^{t+1}\}$、$X_7^{t+1} = \{x_{14}^{t+1}, x_{15}^{t+1}\}$、$X_8^{t+1} = \{x_{16}^{t+1}, x_{17}^{t+1}\}$、$X_9^{t+1} = \{x_{18}^{t+1}, x_{19}^{t+1}\}$、$X_{10}^{t+1} = \{x_{20}^{t+1}, x_{21}^{t+1}\}$、$X_{11}^{t+1} = \{x_{22}^{t+1}\}$、$X_{12}^{t+1} = \{x_{23}^{t+1}\}$；$D_1^{t+1} = \{x_{19}^{t+1}, x_{21}^{t+1}, x_{23}^{t+1}\}$、$D_2^{t+1} = \{x_{10}^{t+1}, x_{13}^{t+1}, x_{15}^{t+1}, x_{17}^{t+1}, x_{18}^{t+1}, x_{20}^{t+1}, x_{22}^{t+1}\}$、$D_3^t = \{x_7^{t+1}, x_9^{t+1}, x_{12}^{t+1}, x_{14}^{t+1}, x_{16}^{t+1}\}$、$D_4^{t+1} = \{x_3^{t+1}, x_5^{t+1}, x_6^{t+1}, x_8^{t+1}, x_{11}^{t+1}\}$、$D_5^t = \{x_1^{t+1}, x_2^{t+1}, x_4^{t+1}\}$。根据公式（6.28）计算每一类属性选择的基数，记为 Num^{t+1}，计算结果见表 6-14 最后一行。

基于上述结果，构建 $t+1$ 时刻 $X_i^{t+1} \rightarrow D_j^{t+1}$ 的 $\mathrm{Sup}_{t+1}(D_j^{t+1} \mid X_i^{t+1})$：

$$\text{Sup}_{t+1}(D_j^{t+1} \mid X_i^{t+1}) = \mid X_i^{t+1} \bigcap D_j^{t+1} \mid = \begin{pmatrix} 0 & 0 & 0 & 0 & 12 \\ 0 & 0 & 0 & 6 & 9 \\ 0 & 0 & 0 & 8 & 36 \\ 0 & 0 & 4 & 52 & 0 \\ 0 & 7 & 42 & 40 & 0 \\ 0 & 5 & 70 & 4 & 0 \\ 0 & 14 & 49 & 0 & 0 \\ 0 & 28 & 12 & 0 & 0 \\ 7 & 28 & 12 & 0 & 0 \\ 8 & 19 & 0 & 0 & 0 \\ 0 & 5 & 0 & 0 & 0 \\ 7 & 0 & 0 & 0 & 0 \end{pmatrix}$$

进一步计算准确度、覆盖率矩阵：

$$\text{Acc}_{t+1}(D_j^{t+1} \mid X_i^{t+1}) = \frac{\mid D_j^{t+1} \bigcap X_i^{t+1} \mid}{\mid X_i^{t+1} \mid}$$

$$= \begin{pmatrix} 0 & 0 & 0 & 0 & 1 \\ 0 & 0 & 0 & 0.4 & 0.6 \\ 0 & 0 & 0 & 0.182 & 0.818 \\ 0 & 0 & 0.071 & 0.929 & 0 \\ 0 & 0.079 & 0.472 & 0.449 & 0 \\ 0 & 0.063 & 0.886 & 0.051 & 0 \\ 0 & 0.222 & 0.788 & 0 & 0 \\ 0 & 0.7 & 0.3 & 0 & 0 \\ 0.149 & 0.596 & 0.255 & 0 & 0 \\ 0.296 & 0.704 & 0 & 0 & 0 \\ 0 & 1 & 0 & 0 & 0 \\ 1 & 0 & 0 & 0 & 0 \end{pmatrix}$$

表 6-14　$t+1$ 时刻水知识系统调查对象选择分类与属性

条件属性 / 属性类别	x_{377} x_1^{t+1}	x_{357} x_2^{t+1}	x_{462} x_3^{t+1}	x_{60} x_4^{t+1}	x_{32} x_5^{t+1}	x_{37} x_6^{t+1}	x_{92} x_7^{t+1}	x_{229} x_8^{t+1}	x_{70} x_9^{t+1}	x_{30} x_{10}^{t+1}	x_{56} x_{11}^{t+1}	x_{22} x_{12}^{t+1}	x_8 x_{13}^{t+1}	x_{105} x_{14}^{t+1}	x_{110} x_{15}^{t+1}	x_{233} x_{16}^{t+1}	x_{164} x_{17}^{t+1}	x_{64} x_{18}^{t+1}	x_{213} x_{19}^{t+1}	x_{298} x_{20}^{t+1}	x_{108} x_{21}^{t+1}	x_{134} x_{22}^{t+1}	x_{367} x_{23}^{t+1}	概率集值
C_1	4	4	5	5	3	4	5	3	4	4	3	4	3	2	3	3	4	2	5	2	5	3	3	0.021 5
C_2	4	5	4	4	4	3	4	4	3	3	4	2	4	3	4	3	4	2	3	5	4	2	2	0.023 9
C_3	4	5	5	4	3	4	4	3	2	3	3	4	3	2	4	3	3	2	4	1	4	4	2	0.019 2
⋮	⋮	⋮	⋮	⋮	⋮	⋮	⋮	⋮	⋮	⋮	⋮	⋮	⋮	⋮	⋮	⋮	⋮	⋮	⋮	⋮	⋮	⋮	⋮	⋮
C_{20}	5	5	5	5	5	5	5	4	5	3	4	3	5	5	5	4	4	5	4	2	3	5	5	0.024 8
C_{21}	5	4	5	5	5	3	5	5	4	4	4	5	3	2	3	4	1	5	3	3	2	5	5	0.018 7
C_{22}	5	5	4	4	4	3	4	4	3	4	3	4	2	2	2	3	1	1	2	4	2	5	4	0.028 9
⋮	⋮	⋮	⋮	⋮	⋮	⋮	⋮	⋮	⋮	⋮	⋮	⋮	⋮	⋮	⋮	⋮	⋮	⋮	⋮	⋮	⋮	⋮	⋮	⋮
C_{39}	5	4	5	5	5	4	4	4	5	5	5	5	5	5	5	4	5	5	4	4	3	5	5	0.016 5
C_{40}	5	5	5	5	5	5	4	5	5	2	4	5	5	5	4	3	5	5	3	2	2	4	2	0.045 7
C_{41}	4	4	4	5	4	2	3	3	4	2	3	2	3	3	1	2	1	2	2	2	1	2	1	0.023
C_{42}	4	5	4	5	4	4	4	5	5	2	4	3	3	3	3	2	3	2	2	3	2	2	2	0.026 6
d	5	5	4	5	4	4	3	4	3	2	4	3	2	3	2	3	2	2	1	2	1	2	1	—
Num^{t+1}	12	9	6	8	36	52	4	40	42	7	4	70	5	49	14	12	28	28	7	19	8	5	7	—

$$\text{Cov}_{t+1}(D_j^{t+1} \mid X_i^{t+1}) = \frac{\mid D_j^{t+1} \cap X_i^{t+1} \mid}{\mid D_i^{t+1} \mid}$$

$$= \begin{pmatrix} 0 & 0 & 0 & 0 & 0.211 \\ 0 & 0 & 0 & 0.055 & 0.158 \\ 0 & 0 & 0 & 0.073 & 0.631 \\ 0 & 0 & 0.023 & 0.473 & 0 \\ 0 & 0.066 & 0.237 & 0.364 & 0 \\ 0 & 0.047 & 0.395 & 0.036 & 0 \\ 0 & 0.132 & 0.277 & 0 & 0 \\ 0 & 0.264 & 0.068 & 0 & 0 \\ 0.318 & 0.264 & 0.068 & 0 & 0 \\ 0.364 & 0.179 & 0 & 0 & 0 \\ 0 & 0.047 & 0 & 0 & 0 \\ 0.318 & 0 & 0 & 0 & 0 \end{pmatrix}$$

6.4.2.3 测度结果与分析

基于 6.4.2.2 中的实证结果，可计算增量矩阵。首先根据公式（6.32），对 t 时刻的支持度矩阵进行变形，得到与 $t+1$ 时刻相同行和列的支持度矩阵，即

$$\text{Sup}_t(D_j^t \mid X_i^t) = \mid X_i^t \cap D_j^t \mid = \begin{pmatrix} 0 & 0 & 0 & 4 & 9 \\ 0 & 0 & 0 & 24 & 0 \\ 0 & 0 & 5 & 42 & 0 \\ 0 & 0 & 37 & 11 & 0 \\ 0 & 0 & 84 & 0 & 0 \\ 0 & 34 & 39 & 0 & 0 \\ 0 & 89 & 0 & 0 & 0 \\ 9 & 38 & 0 & 0 & 0 \\ 30 & 0 & 0 & 0 & 0 \\ 17 & 0 & 0 & 0 & 0 \\ 0 & 0 & 0 & 0 & 0 \\ 0 & 0 & 0 & 0 & 0 \end{pmatrix}$$

由公式（6.36）可得增量矩阵：

$$I_{t \to t+1}(D \mid X) = \text{Sup}_{t+1}(D_j^{t+1} \mid X_i^{t+1}) - \text{Sup}_t(D_j^t \mid X_i^t)$$

$$
=\begin{pmatrix}
0 & 0 & 0 & 0 & 12 \\
0 & 0 & 0 & 6 & 9 \\
0 & 0 & 0 & 8 & 36 \\
0 & 0 & 4 & 52 & 0 \\
0 & 7 & 42 & 40 & 0 \\
0 & 5 & 70 & 4 & 0 \\
0 & 14 & 49 & 0 & 0 \\
0 & 28 & 12 & 0 & 0 \\
7 & 28 & 12 & 0 & 0 \\
8 & 19 & 0 & 0 & 0 \\
0 & 5 & 0 & 0 & 0 \\
7 & 0 & 0 & 0 & 0
\end{pmatrix}
-\begin{pmatrix}
0 & 0 & 0 & 4 & 9 \\
0 & 0 & 0 & 24 & 0 \\
0 & 0 & 5 & 42 & 0 \\
0 & 0 & 37 & 11 & 0 \\
0 & 0 & 84 & 0 & 0 \\
0 & 34 & 39 & 0 & 0 \\
0 & 89 & 0 & 0 & 0 \\
9 & 38 & 0 & 0 & 0 \\
30 & 0 & 0 & 0 & 0 \\
17 & 0 & 0 & 0 & 0 \\
0 & 0 & 0 & 0 & 0 \\
0 & 0 & 0 & 0 & 0
\end{pmatrix}
=\begin{pmatrix}
0 & 0 & 0 & -4 & 3 \\
0 & 0 & 0 & -18 & 9 \\
0 & 0 & -5 & -34 & 36 \\
0 & 0 & -33 & 41 & 0 \\
0 & 7 & -42 & 40 & 0 \\
0 & -29 & 31 & 4 & 0 \\
0 & -75 & 49 & 0 & 0 \\
-9 & -10 & 12 & 0 & 0 \\
-22 & 28 & 12 & 0 & 0 \\
-9 & 19 & 0 & 0 & 0 \\
0 & 5 & 0 & 0 & 0 \\
7 & 0 & 0 & 0 & 0
\end{pmatrix}
$$

由增量矩阵的结果可以看出，随着时间 $t \to t+1$ 的推移，保持对象集不发生变化，仅有条件属性集发生变化时，有 12 个 $\mid X_i^t \cap D_j^t \mid$ 的基数减少，14 个 $\mid X_i^t \cap D_j^t \mid$ 的基数出现增长。根据 $t+1$ 时刻的支持度矩阵可知，随着时间的变化，条件属性等价类增加了两个，分别为 X_{11}，X_{12}，且对象集的选择分类也从原来 x_1^t，x_2^t，$\cdots$，x_{15}^t 变成 x_1^{t+1}，x_2^{t+1}，$\cdots$，x_{23}^{t+1}，多出了 8 个选择分类，这均是条件属性等价类的变化引起的。根据对水知识增量的定义，水知识增量变化主要体现在 $X_1 \to D_4$，$X_1 \to D_5$，$X_2 \to D_4$，$X_2 \to D_5$，$X_3 \to D_3$，$X_3 \to D_4$，$X_3 \to D_5$，$X_4 \to D_3$，$X_4 \to D_4$，$X_5 \to D_2$，$X_5 \to D_3$，$X_5 \to D_4$，$X_6 \to D_2$，$X_6 \to D_3$，$X_6 \to D_4$，$X_7 \to D_2$，$X_7 \to D_3$，$X_8 \to D_1$，$X_8 \to D_2$，$X_8 \to D_3$，$X_9 \to D_1$，$X_9 \to D_2$，$X_9 \to D_3$，$X_{10} \to D_1$，$X_{10} \to D_2$，$X_{11} \to D_2$，$X_{12} \to D_1$。其中负向增长的等价类划分为：$X_1 \to D_4$，$X_2 \to D_4$，$X_3 \to D_3$，$X_3 \to D_4$，$X_4 \to D_3$，$X_5 \to D_3$，$X_6 \to D_2$，$X_7 \to D_2$，$X_8 \to D_1$，$X_8 \to D_2$，$X_9 \to D_1$，$X_{10} \to D_1$；正向增长的等价类划分为：$X_1 \to D_5$，$X_2 \to D_5$，$X_3 \to D_5$，$X_4 \to D_4$，$X_5 \to D_2$，$X_5 \to D_4$，$X_6 \to D_3$，$X_6 \to D_4$，$X_7 \to D_3$，$X_8 \to D_3$，$X_9 \to D_2$，$X_9 \to D_3$，$X_{10} \to D_2$，$X_{11} \to D_2$，$X_{12} \to D_1$。表 6-15 展示了不同时刻的水知识变化量，表中的数值均来源于不同时刻的覆盖率矩阵和准确度矩阵，值对（·，·）的第一个 · 表示准确度值，第 2 个 · 表示覆盖率值，符号"—"表示不存在，该表格是水知识增量的测度结果的直观呈现。

表 6-15 t 和 $t+1$ 时刻的水知识变化量表

时刻	类别	D_1^t/D_1^{t+1}	D_2^t/D_2^{t+1}	D_3^t/D_3^{t+1}	D_4^t/D_4^{t+1}	D_5^t/D_5^{t+1}
t	X_1^t	(0,0)	(0,0)	(0,0)	(0.308,0.049)	(0.692,0.444)
$t+1$	X_1^{t+1}	(0,0)	(0,0)	(0,0)	(0,0)	(1,0.211)
t	X_2^t	(0,0)	(0,0)	(0,0)	(1,0.296)	(0,0)
$t+1$	X_2^{t+1}	(0,0)	(0,0)	(0,0)	(0.4,0.055)	(0.6,0.158)
t	X_3^t	(0,0)	(0,0)	(0.106,0.03)	(0.994,0.519)	(0,0)
$t+1$	X_3^{t+1}	(0,0)	(0,0)	(0,0)	(0.182,0.073)	(0.818,0.631)
t	X_4^t	(0,0)	(0,0)	(0.771,0.224)	(0.229,0.136)	(0,0)
$t+1$	X_4^{t+1}	(0,0)	(0,0)	(0.071,0.023)	(0.929,0.473)	(0,0)
t	X_5^t	(0,0)	(0,0)	(1,0.509)	(0,0)	(0,0)
$t+1$	X_5^{t+1}	(0,0)	(0.079,0.066)	(0.472,0.237)	(0.449,0.364)	(0,0)
t	X_6^t	(0,0)	(0.466,0.211)	(0.534,0.236)	(0,0)	(0,0)
$t+1$	X_6^{t+1}	(0,0)	(0.063,0.047)	(0.886,0.395)	(0.051,0.036)	(0,0)
t	X_7^t	(0,0)	(1,0.553)	(0,0)	(0,0)	(0,0)
$t+1$	X_7^{t+1}	(0,0)	(0.222,0.132)	(0.788,0.277)	(0,0)	(0,0)
t	X_8^t	(0.191,0.161)	(0.809,0.236)	(0,0)	(0,0)	(0,0)
$t+1$	X_8^{t+1}	(0,0)	(0.7,0.264)	(0.3,0.068)	(0,0)	(0,0)
t	X_9^t	(1,0.536)	(0,0)	(0,0)	(0,0)	(0,0)
$t+1$	X_9^{t+1}	(0.149,0.318)	(0.596,0.264)	(0.255,0.068)	(0,0)	(0,0)
t	X_{10}^t	(1,0.303)	(0,0)	(0,0)	(0,0)	(0,0)
$t+1$	X_{10}^{t+1}	(0.296,0.364)	(0.704,0.179)	(0,0)	(0,0)	(0,0)
t	X_{11}^t	—	—	—	—	—
$t+1$	X_{11}^{t+1}	(0,0)	(1,0.047)	(0,0)	(0,0)	(0,0)
t	X_{12}^t	—	—	—	—	—
$t+1$	X_{12}^{t+1}	(1,0.318)	(0,0)	(0,0)	(0,0)	(0,0)

在决策等价类划分上，取值为 5 的决策属性等价类划分基数由 t 时刻的 9 增长为 $t+1$ 时刻的 48，表明"具备"水知识的公民增加了 39；取值为 4 的决策属性等价类基数由 t 时刻的 81 增长为 $t+1$ 时刻的 110，表明公民"基本具备"水知识的基数增加了 19；取值为 3 的决策属性等价类基数由 t 时刻的 165 增长为 $t+1$ 时刻的 189，虽然增幅较小，但依然表明公民掌握的水知识量为"一般"的程度有所增长。取值为 2 和 1 的决策属性等价类基数均为负数，表明"基本不具备"或"不具备"水知识的公民数量在减少。基于上述结果，可知随着时间的推移，公民的水知识存量在动态增长，不同决策属性等价类基数增长的数值体现了公民水知识的增量。增量矩阵中的数值出现了负数，我们可认为公民的水知识在此等价类划分的基础上出现了负向增长，导致这种情况的发生存在以下几种可能：一是随着时间的变化，条件属性发生了巨大的变化，仅保留了 t 时刻的 28 个条件属性，剩余的 14 个属性均为修正或添加，引起公民的知识认知程度发生较大变化；二是公民在对于新知识的掌握程度上会有一定的下降；三是调查对象的可能差别也会导致掌握的水知识程度不同。通过衡量在一定时间段内水知识的增长量，可判断公民对于水知识的学习转化程度以及相关部门或组织在水知识宣传教育所采取措施的有效性，促进公民更好地认识和运用水知识，提升自身的水素养水平。

6.5 本章小结

本章主要对公民的水知识增量进行了测度研究。首先，基于水知识存量测度指标更新思路和原则，以第 3 章的 2019 年整理得到的水知识存量测度指标为基础，对水知识增量测度指标进行了初步探索，在原指标的基础上实现了指标修正、指标添加，形成了包含 54 个指标的水知识增量初始测度基础指标，为公民水知识增量测度提供了基础。其次，在完成测度之前对指标的科学性做进一步验证，设计了基于信息贡献率的水知识增量测度指标优化方法，在专家主管剔除 3 个指标之后，对剩余的 51 个指标进行再次优化，最终保留了 42 个基础测度指标，剔除了 9 个信息贡献程度较低的测度指标，形成了最终的公民水知识增量测度指标体系。再次，对公民水知识存量测度的新方法进行了相关理论概述和拓展，为测度方法的提出提供理论支撑，主要概述了粗糙集的基本概念，粗糙集理论中的矩阵表达方式以及相关知识增量更新算法。从次，根据水知识增量测度的基本特性，以知识增长理论为前提，提出了基于属性概率集值的动态粗糙集增量算法模型，并详细介绍了该方法的主要实现过程，制定了动态水知识增量测度算法。最后，根据构建的测度模型，以 2019 年和 2021 年两个时间点的测度数据，对公民水知识增量进行动态测度，结果显示，决策属性等价类取值为 3，4，5（3 表示一般，4 表示公民基本具备水知识，5 表示公民具备水知识）对应的基数均增加，取值对应 1 和 2（1 表示不具备水知识，2 表示基本不具备水知识）的基数明显减少，直观地展示了公民水知识增量结果。

7　研究结论与展望

7.1　研究结论与启示

7.1.1　研究结论

本研究通过回顾知识测度方法论、知识基础理论、知识增长理论等基础理论以及在水知识相关理论及测度方法文献梳理的基础上，首先，采用扎根-系统分析的方法对水知识存量测度指标进行探索性研究，深度挖掘水知识存量的测度指标并梳理出指标的形成逻辑，初步构建水知识存量测度指标体系；其次，基于项目反应理论的心理学方法，提出了多分级项目反应理论测度指标优化方法，并对水知识存量测度指标进行优化，形成最终的水知识存量测度指标体系；再次，基于模糊识别-贝叶斯网络的方法构建水知识存量测度模型，融入模糊集的概念将知识测度的等级分布更加细化，测度结果能够更真实地呈现出公民对于水知识存量测度指标所涵盖知识点的认知，反映公民水知识的存量水平；从次，借助水知识的增量规律以及测度指标的变化趋势，通过探索性文献分析和验证性专家访谈方法，以水知识存量基础测度指标为基础，探索公民水知识增量测度指标并对形成的指标体系进行优化；最后，采用基于融入概率集值的粗糙集知识增量测度方法，实现公民水知识增量测度，以期发现在特定时间段内的水知识增量变化结果来有效把握公民水知识变化的基本趋势。本书的主要研究结论如下。

1. 构建并优化了水知识存量测度指标体系，验证了指标的可行性

在借鉴扎根理论和事件系统理论方法的基础上提出了扎根-系统分析的新方法，并运用该方法层层提炼归纳出包括水资源与环境知识、水安全与管理知识、节水知识和水基础知识等 4 个二级指标；水资源分布与特点相关知识、水的可持续发展等 10 个三级指标；了解地球上水的分布状况（如地球总面积中陆地面积和海洋面积的百分比）等 43 个基础测度指标的水知识存量测度指标体系。并通过反向追溯访谈资料构建主要范畴链，对关键范畴之间的影响路径和程度进行深入分析，挖掘出关键范畴的形成脉络。本研究还从水资源与环境

知识对水知识存量的贡献、水安全与管理知识对水知识存量的贡献、节水知识对水知识存量的贡献、水基础知识对水知识存量的贡献等四个方面分析了水知识存量的形成逻辑，明晰了水知识存量测度指标所涵盖的知识要点以及组成结构，为后续的水知识存量测度指标评估奠定了理论基础。

本研究提出了基于多分级项目反应理论的水知识存量测度指标优化方法。以获取的调研数据，采用边际最大似然估计的方法对 43 个指标的参数进行估计，在模型-数据拟合指标特征函数的过程中对每一个指标进行检测，从指标参数估计、数据拟合以及特征曲线等展示的结果可知，指标 9、指标 24 和指标 28，即"了解合同节水及相关节水管理知识""了解水人权概念，知道安全的清洁饮用水和卫生设施是一项基本人权，国家要在水资源分配和利用中优先考虑个人的使用需求"和"知道饮用受污染的水会对人体造成危害，会导致消化系统疾病、传染病、皮肤病等，甚至导致死亡"等三项指标不适合作为公民水知识存量的基础测度指标。另外，由指标信息函数和测量误差函数验证了受测指标与受调查者知识水平特征之间的关系，大多数指标特征水平处于 $-2\sim2$ 之间，能够反映出受调查者的更多信息，表明剩余的各指标对认知水平较为普遍的公民具有相当的可靠性。基于此，整理出一套水知识存量测度量表，便于测量不同水知识水平的受调查者。

2. 基于水知识存量测度模型明确了我国公民水知识存量现状

本研究提出了将模糊集理论与贝叶斯网络模型融合后的模糊识别-贝叶斯网络模型测度方法，以前文构建的水知识存量测度基础指标体系，完成对公民水知识存量进行测度。将所有统一量纲后的数据代入完成有效性测试的模糊识别-贝叶斯网络模型，根据构建的贝叶斯网络拓扑结构和已得到的概率参数，对测试数据集进行概率推理，计算出公民水知识存量概率值。

由结果可知，472 份测试样本集中测度值大于 81.35 的样本为 64 份，"掌握"水知识的样本所占比例为 13.55%；测度值 $69.73 < Z_i < 81.35$ 的样本为 96 份，"基本清楚"水知识的样本所占比例为 20.34%；测度值 $60 < Z_i < 69.73$ 的样本为 125 份，"了解"水知识的样本所占比例为 26.48%。根据测试样本集计算得到的阈值为 0.516 3，此时受调查样本集中有 285 位（占比为 60.38%）受访者具备"了解"以上水平的水知识，对公民水知识存量基础测度指标所包含的知识点了解较多，能够熟练掌握和识别大多数的水知识要点，达到中等以上水平。测度值 Z_i 小于 60 且大于 46.48 的样本为 164 份，其对应的受访者的水知识存量水平为"不太清楚"，对水知识存量测度指标的相关知识点认识程度较弱，概率值 Z_i 小于 46.48 的样本为 23 份（占比为 4.87%），

表明有 23 位受调查者基本没有掌握一定量的水知识点，对大多数的知识点根本不了解或者未曾接触过，导致整体的水知识存量水平较低。

从样本分布以及测度结果来看，我国公民的水知识存量平均水平并不高，尤其是对水知识认知程度达到基本清楚以上水平的人群仅占不到 35%，大多数人还处于仅仅了解或不清楚相关水知识点。测度结果能够基本反映出公民水知识水平的实际，我国在水知识水平提升的工作上任重而道远，需要制定相关政策或采取更多的水知识普及与宣传手段，提升公民的水知识水平。

3. 基于指标更新和增量测度方法呈现出了公民水知识的动态变化

本研究以水知识的增量规律以及 t 时刻的指标体系为基础，更新和优化了 $t+1$ 时刻的水知识存量测度指标。重新梳理分析反映公民水知识增量的知识点，总结出更加全面且符合当前知识现状的水知识存量基础测度指标。共修正了包含"对洪灾、旱灾的认识以及发生时的应对措施"在内的 7 个指标，共添加了包含"健康水的标准以及水的不同用途"等在内的 16 个指标，删除了包含"知道水生态环境的内部要素是相互依存的，同时与经济社会等其他外部因素也是相互关联的"在内的 3 个指标，最后得到 54 个 $t+1$ 时刻的水知识增量的基础测度指标；基于信息贡献率的测度指标优化模型，对最新形成的水知识增量测度指标体系进行指标优化，保留了包括"饮用水水源地的地理位置及供水区域"等 42 个公民水知识存量基础测度指标，剔除了包括"水表的功能和读取数据"等 9 个指标，得到了最新的水知识存量基础测度指标，为实现水知识增量测度的科学性提供了重要的理论支撑。

基于属性概率集值的粗糙集水知识增量测度方法，构建了测度模型并以 2019 年和 2021 年两个时间点的测度数据，对公民的水知识增量进行动态测度，刻画了相应时刻的支持度矩阵、准确度矩阵和覆盖率矩阵，得到了水知识增量矩阵，识别了公民水知识的动态变化。结果显示，决策属性等价类取值为 5（1 表示不具备水知识，2 表示基本不具备水知识，3 表示一般，4 表示公民基本具备水知识，5 表示公民具备水知识）的决策属性等价类划分基数由 2019 的 9 增长为 2021 的 48，表明"具备"水知识的公民增加了 39；取值为 4 的决策属性等价类基数由 81 增长为 110，表明公民"基本具备"水知识的基数增加了 19；取值为 3 的决策属性等价类基数由 165 增长为 189，虽然增幅较小，但依然表明公民掌握的水知识量为"一般"的程度有所增长。取值为 2 和 1 的决策属性等价类基数均为负数，表明"基本不具备"或"不具备"水知识的公民数量在减少。通过衡量在一定时间段内水知识量的变化，可知公民的水知识存量在动态增长，不同决策属性等价类基数增长的数值体现了公民水知识的增量。此外，具备一般以上水知识水平的公民数量明显增加，可判断这一时间段内公民对于水知识的学习转化程度以及相关部门或组织在水知识宣传教育所采取措施的有效性，促进公民更好地认识和运用了水知识，提升了自身的水素养水平。

7.1.2　研究启示

水知识的宣传与普及已经引起政府部门的重视，也为此制定了相关政策并采取了一些措施以加大对水知识的推广力度，如在水利部官方网站设立水知识专栏以及在全国范围地建立水情教育基地等。但针对于中国公民水知识存量及动态增量测度的研究鲜有涉及，且未发现科学合理的测度方法实现水知识的测度。本书提出了扎根-系统分析方法、GRM 模型、基于模糊识别的贝叶斯网、基于概率集值的粗糙集测度方法等融合方法，能够有效测度公民的水知识存量以及动态增量。根据本书的研究结果，从以下几个角度阐述政策启示。

1. 水知识存量及动态增量的测度方法可为其他知识测度提供借鉴

本研究构建了基于模糊识别的贝叶斯网络模型和基于概率集值的动态粗糙集增量测度方法，有效地完成了水知识存量及动态增量的测度，这也证明了所提出新方法的有效性。基于模糊识别的贝叶斯网络模型与传统测度知识存量方法的不同之处在于充分考虑了受调查者对知识认知的不确定性，引入模糊集理论可避免在进行知识测度时单一选项所带来的判断不准确性，将这种测度方法引入其他知识测度研究中，如企业个人知识存量、环境知识存量等，亦可避免相类似的问题，实现精准了解个人知识存量的目标。在学术层面，将模糊集理论与贝叶斯网络模型融合进行知识测度也是一种新的尝试，可为该领域的研究人员探索融合方法的知识测度模型提供参考。基于概率集值的粗糙集动态增量测度方法是将概率集值的统计学方法引入了可用矩阵表示的粗糙集理论，将动态的数值数据转化为概率集值的表达形式，并根据研究需要优化了传统的粗糙集知识增量测度方法。而且通过对水知识增量的测度也证明了该测度方法较符合知识增量测度的范式。该方法的提出填补了我国对于知识增量测度方法的空白，在研究与实践层面，可将该方法进一步调整与优化，提升其普适性，为更多领域中的动态知识增量测度增加测度手段和提供方法参考。

2. 水知识存量测度结果可作为制定水知识宣传手段的依据

由水知识存量测度结果可知有 74.58% 的受访者具备"了解"以上水平的水知识存量，对公民水知识存量基础测度指标所包含的知识点了解较多，能够熟练掌握和识别大多数的水知识要点，达到中等以上水平。但处于"了解"水知识层面的人群占 40.47%。此结果能一定程度反映整体的情况，表明我国大多数公民水知识水平较高，但仍有待于提升。针对这类人群需要强化其对水知识的认知，加深对水知识的理解程度，可通过日常活动、竞赛等形式增加人与人之间的交流，促使水知识的有效传递，由知识位势理论可知这会使得知识从高水平向低水平传递，实现水知识存量共同增长。另外，受访者的水知识存量水平在"不太清楚"层面占比为 20.56%，在"不清楚"层面占比为 4.87%，这类人群基本没有掌握或者掌握很少量的水知识，对水知识存量测度指标的相关知识点整体认识程度较弱，导致水知识存量水平较低。这一结果的呈现可能是对水知识这一概念的认知较少，也可能是本身知识文化水平普遍较低。基于此，相关部门应该针对文化水平较低的人群积极宣传学习水知识的重要性、水知识普及政策以及加大水知识推广力度，尤其是农村区域受教育程度较低的成年人，需强化其对水知识的认知深度，拓展其对水的认知广度，以期能够了解更多层面的水知识，切实做到快速提升公民的水知识存量水平。

3. 水知识动态增量测度可评价水知识增长情况及宣传工作成效

由水知识动态增量的结果可知，2019－2021 年期间，公民的水知识在不断增长，对特定区域一定时间段的水知识增量进行测度，可有效衡量水知识的增长状况。但从水知识增量的增长趋势来看，仍有相当一部分人的知识水平处于较低水平，纵使营造了学习水知识的氛围以及提供了相关水知识学习的条件，但是这并不能促使所有人都能够认真学习，尤其对于离开学校教育的成年人，其知识学习不具有约束性。对于此，必须要正确引导此类人群主动去学习，从心理上认可水知识的作用及其影响，培养主动学习水知识的意识。另外，从矩阵中的基数数值可知，变化的程度较大，表明我国在水知识普及中取得了一定的成效。这主要源于我国不断加大水知识宣传力度，采取了众多有效的水知识推广措施。利用该增长量的变化，水利部门可基于测度结果来评价特定时间段内水知识宣传工作的成效。

7.2 研究局限与展望

7.2.1 研究局限

公民水知识存量-动态增量测度研究旨在探索新的理论，提出新的测度方法并应用于实际测度中。本研究以公民为主要研究对象，探索并分析了水知识存量测度指标体系，并采用心理学方法——多级项目反应理论对水知识存量基础测度指标进行了优选，进一步完成水知识存量测度研究。对于水知识存量的测度仅能反映出某一时间点或较短时间内的存量，无法完成一定时间跨度的动态增量测度，因此，本研究又提出了基于概率集值的粗糙集水知识动态增量测度方法，在更新水知识存量指标的基础上，完善水知识增量测度指标体系，以新的方法实现水知识增量的动态测度。在研究过程中力求科学严谨，但限于研究对象与访谈专家选择、测度指标确定以及方法的普适性等，仍存在一些研究不足。

1. 调研对象选择以及样本数据获取上存在局限

在探索水知识存量测度指标时，是基于公开资料与专家访谈获取的原始资料，而专家访谈具有一定的主观性且访谈的专家数量有限，这就导致原始资料的获取存在一定的主观性以及关键范畴是否完整等问题。其一，尽管本研究在半结构化访谈的过程中固定了访谈范围，但在回答访谈问题时切入的角度、对待问题的看法，以及自身的知识结构，使得获取的访谈资料内容以及通过编码获取的概念化语句存在差异，需要研究者带入自身的研究思路来辅助制定编码规则；其二，访谈的专家数量有限。本研究访谈了 23 位专家，获取文字稿 24.6 万字，再结合一手资料的补充与完善，最终形成了较为完整的测度指标体系，且该测度指标体系通过了范畴的饱和度检验，且逻辑分析也具有一定的可靠性，能够反映出公民水知识存量水平的实际。但水知识存量及其动态增量测度是一种新理论的探索，访谈专家的数量较少对于新理论的完整性存在一定的局限。

在使用提出的新方法进行实证分析时，获取的调研数据存在一定的不足。受调查条件以及调研问卷的数量限制，本研究在 2019 年的有效问卷数量仅有 472 份，从地域上涵盖了全国大部分的区域，包含了具有代表性的直辖市及省份，尽管从测度指标优化结果以及测度结果上均具有一定的可行性，但在整体测度时区域差异以及样本的数量均有可能影响最终的结果。另外，由于 2019 年调研获取的有效样本量是固定的，为保证水知识动态增量测度时调研对象保持一致，在 2021 年进行问卷调研时必须要选取相同数量的样本展开研究，整体的样本量较小。尽管相同数量的样本是从大量的样本中选取的较优样本，但更大的样本量是否会引起测度结果的不同仍值得进一步考量。

2. 提出的研究方法与知识存量动态测度的普适性存在一定的局限

本研究提出的测度方法是以水知识存量动态测度为研究基础的，通过实证研究可以看出提出的方法对于水知识存量动态测度具有科学性和可靠性，基本能够反映公民水知识存量以及其动态变化趋势。但本研究是以测度方法为主，在每个环节的测度结果中均是分步运用数据整理、模型构建、实证结果等步骤，在出现特殊数据、检验结果不理想、测度指标优化方法不一致等技术问题时，均结合相关环节的数据进行逐一调整。因此，这有可能导致在不同领域的知识存量测度中存在不匹配的问题。研究者希望本研究提出的研究方法以及实证结果能够在相关领域的理论探索和实际应用方面在方法论上做出一定的贡献，这需要将书中提出的方法应用于其他领域来进一步验证，这亦是本研究未来的研究重点。

7.2.2 研究展望

水是人类生存和发展的基础资源，是维持人们正常生活和生产必不可少的重要物质资源。当下水问题所带来的社会影响日益严重，逐渐引起了人们的重视，对水问题的了解和理解被认为是解决与水有关的问题的核心要素。水知识是与水相关活动、环境保护和环境素养相关理论等的重要组成部分，更多的知识可以为创新和解决新老水问题做出贡献。根据本研究中的局限性提出了以下未来的研究方向。

通过扩大调研规模，增加代表性的调研区域以及选取样本特征均匀的区域进行线上与线下调研，获取高质量的数据，在实践中检验现有的指标体系，验证其可行性。同时，增加访谈专家数量，收集更多的访谈资料，挖掘新理论时尽量减少主观因素的无形引导，进一步完善水知识存量测度指标体系。

在进行水知识动态增量测度时，选取时间间隔更长的跨度并采用分阶段测度，持续观测固定区域调查对象的水知识存量及变化趋势。如一年一测度，五年一周期，整体把握公民水知识的动态变化。同时也需要更细化地了解不同统计学特征人群的水知识存量以及哪些知识点是大多数受调查者未掌握的。在进行测度时，也要注重动态更新指标，删除冗余或老化的知识指标，选择符合每一测度阶段的指标，使得测度结果更加准确。此外，需要重点把握样本量的大小以及样本区域的选择，保证每一周期的样本保持一致，以确保测度结果的准确性。

对于新方法的提出需要在不同领域中验证其普适性。科学选择研究对象及设计测度方案，通过在不同领域的实践，以期解决特殊数据、检验结果不理想、测度指标优化方法不一致等技术问题，进一步完善测度方法，提升其适用性。本研究期望提出的研究方法以及实证结果在相关领域的理论探索和实际应用方面在知识测度方法论上能够做出一定的贡献，拓展知识测度领域的方法体系，这需要在以后的研究中不断探索。

参考文献

［1］联合国. 联合国大会关注"水问题"：安全饮用水事关尊严、机遇、健康、生存和平等［EB］. ［2021-03-08］. https：//iris. who. int/bitstream/handle/10665/44584/9789241548151 _ eng. pdf.

［2］联合国教科文组织，可持续发展目标秘书处. 2019 年世界水发展报告：不让任何人掉队［EB/OL］. （2019-03-19）［2021-05-25］. https：//unesdoc. unesco. org/ark：/48223/pf00003673 03 _ chi.

［3］BARRY J. N. The Chinese Economy：Transitions and Growth［M］. MIT Press，2007.

［4］世界水资源理事会. 2018 年世界水资源开发报告：通过基于自然的解决方案应对水资 源挑战［R/OL］. ［2021-05-26］. http：//www. unesco. org/new/en/naturalscinece-s/environment/water/wwap/wwdr/2018-nature-based-solutions/.

［5］中华人民共和国生态环境部. 2019 中国生态环境状况公报［R/OL］. ［2021-05-26］. https：//www. mee. gov. cn/hjzl/sthjzk/zghjzkgb/202006/P020200602509464172096. pdf.

［6］Xinhua. Half of China's urban underground water polluted［N/OL］. China Daily，2012［2012-05-28］. http：//www. chinadaily. com. cn/china/2012-05/28/content _ 15404889. htm. http：//www. mee. gov. cn/hjzl/sthjzk/zghjzkgb/202006/P020200602509464172096. pdf.

［7］中商产业研究院. 2020 年中国污水处理行业运行情况回顾及 2021 年发展趋势预测［N/OL］. ［2021-05-27］. https：//huanbao. bjx. com. cn/news/20210114/1129598. shtml.

［8］MARLOW D R，MOGLIA M，COOK S，et al. Towards sustainable urban water management：A critical reassessment［J］. Water Research，2013，47（20）：7150-7161.

［9］ZHANG H X. Climate Change Climate Change and Global Water global water Sustainability climate change global water sustainability［M］// Encyclopedia of Sustainability Science and Technology. New York，NY：

Springer New York，2012.

[10] DEAN A J，LINDSAY J，FIELDING K S，et al. Fostering water sensitive citizenship-Community profiles of engagement in water-related issues [J]. Environmental Science & Policy，2016，55：238-247.

[11] DOBSON A. Environmental citizenship：towards sustainable development [J]. Sustainable Development，2007，15 (5)：276-285.

[12] ASLIN H J，LOCKIE S. Citizenship，engagement and the environment [M]. ASLIN H J and L S，ed. //Engaged Environmental Citizenship. Charles Darwin University Press，Darwin，NT，Australia，2013：1-18.

[13] NEEF. Environmental United States：Literacy in the An Agenda for Leadership in the 21st Century [R] //USDA Forest Service Conservation Education Program.

[14] DAVIES A，SIMON J. The value and role of citizen engagement in social innovation [J]. A deliverable of the project TEPSIE. Brussels：European Commission，DG Research，2013.

[15] 联合国教科文组织. 水资源安全 [EB/OL]. [2021-05-27]. https：//zh. unesco. org/themes/water-security.

[16] 陈家琦. 水科学的内涵及其发展动力 [J]. 水科学进展，1992，3 (4)：241-245.

[17]《水科学进展》编辑部. 发刊词 [J]. 水科学进展，1990，1 (1)：1-1.

[18] 高宗军，张兆香. 水科学概论 [M]. 北京：海洋出版社，2003.

[19] 左其亭. 水科学的学科体系及研究框架探讨 [J]. 南水北调与水利科技，2011，9 (1)：113-117，129.

[20] 陈之荣. 最新的地球圈层——人类圈 [J]. 地理研究，1997，16 (03)：95-100.

[21] 韩宇平，袁皖华，肖恒. 水科学研究的关键词共词聚类分析 [J]. 华北水利水电大学学报：自然科学版，2015，36 (04)：20-25.

[22] GEOSING E，POLLAK J，HOOPER R. Advancing water science through community collaboration [J]. Environmental Earth Sciences，2015，73 (4)：1919-1924.

[23] FOSTER S，SAGE R. Groundwater science in water-utility operations：global reflections on current status and future needs [J].

Hydrogeology Journal，2017，25（5）：1233-1236.

［24］VAN EWIJK E，BAUD I. Partnerships between Dutch municipalities and municipalities in countries of migration to the Netherlands：knowledge exchange and mutuality［J］. Habitat International，2009，33（2）：218-226.

［25］ORLOVE B，CATON S C. Water sustainability：Anthropological approaches and prospects［J］. Annual Review of Anthropology，2010，39：401-415.

［26］李菲. 水资源、水政治与水知识：当代国外人类学江河流域研究的三个面向［J］. 思想战线，2017，43（05）：20-30.

［27］OBERKIRCHER L，SHANAFIELD M，ISMAILOVA B，et al. Ecosystem and social construction：an interdisciplinary case study of the shurkul lake landscape in Khorezm，Uzbekistan［J］. Ecology and Society，2011，16（4），20，10 pages.

［28］HAMLIN C. "Waters" or "Water"? —Master narratives in water history and their implications for contemporary water policy［J］. Water Policy，2000，2（4-5）：313-325.

［29］STRANG V. The Meaning of Water［M］. London；New York：Routledge，2020.

［30］WAGNER J R. The social life of water［M］. Berghahn Books，2013.

［31］BERRY K A，Jackson S，Saito L，et al. Reconceptualising water quality governance to incorporate knowledge and values：Case studies from Australian and Brazilian indigenous communities［J］. Water Alternatives，2018，11（1）：40-60.

［32］杨得瑞，姜楠，马超. 关于水资源综合管理与最严格水资源管理制度的思考［J］. 水利发展研究，2013，13（01）：13-16.

［33］王延荣，孙志鹏，许冉，等. 北京市公民水素养现状调查与评价［J］. 干旱区资源与环境，2018，32（08）：8-15.

［34］王延荣，许冉，孙宇飞. 中国公民水素养评价研究进展［J］. 水利发展研究，2017，11（v. 17；No. 197）：56-60.

［35］王友富，王清清. 民族地区的地方性水知识与水资源可持续发展研究——以云南石林彝族自治县撒尼人为例［J］. 青海民族研究，2011，22（02）：63-66.

[36] BARBER M, JACKSON S. "Knowledge making": Issues in modelling local and indigenous ecological knowledge [J]. Human Ecology, 2015, 43 (1): 119-130.

[37] WILSON N J. Indigenous water governance: Insights from the hydrosocial relations of the Koyukon Athabascan village of Ruby, Alaska [J]. Geoforum, 2014, 57: 1-11.

[38] STIGLITZ J. Public policy for a knowledge economy [J]. Remarks at the Department for Trade and Industry and Center for Economic Policy Research, 1999, 27 (3): 3-6.

[39] FRENZ M, IETTO-GILLIES G. The impact on innovation performance of different sources of knowledge: Evidence from the UK Community Innovation Survey [J]. Research Policy, 2009, 38 (7): 1125-1135.

[40] LAVIE D, HAUNSCHILD P R, KHANNA P. Organizational differences, relational mechanisms, and alliance performance [J]. Strategic Management Journal, 2012, 33 (13): 1453-1479.

[41] 杨志锋, 邹珊刚. 知识资源, 知识存量和知识流量: 概念, 特征和测度 [J]. 科研管理, 2000, 21 (04): 105-111.

[42] 朱美光. 空间知识溢出与中国区域经济协调发展 [M]. 郑州: 郑州大学出版社, 2007.

[43] PARK H, REE J J, KIM K. Identification of promising patents for technology transfers using TRIZ evolution trends [J]. Expert Systems with Applications, 2013, 40 (2): 736-743.

[44] 李顺才, 邹珊刚, 苏子仪. 一种基于永续盘存的知识存量测度改进模型_李顺才 [J]. 科学学与科学技术管理, 2003 (09): 13-15.

[45] ANTONELLI C, FERRARIS G. The creative response and the endogenous dynamics of pecuniary knowledge externalities: an agent based simulation model [J]. Journal of Economic Interaction and Coordination, 2018, 13 (3): 561-599.

[46] LERRO A, IACOBONE F A, SCHIUMA G. Knowledge assets assessment strategies: organizational value, processes, approaches and evaluation architectures [J]. Journal of Knowledge Management, 2012, 16 (4): 563-575.

［47］TIPPMANN E，MANGEMATIN V，SCOTT P S. The Two Faces of Knowledge Search：New Solutions and Capability Development ［J］. Organization Studies，2013，34（12）：1869-1901.

［48］JANSEN D. NETWORKS，Social Capital，and Knowledge Production ［M］//Networked Governance. Cham：Springer International Publishing，2017.

［49］LEE C Y. A theory of firm growth：Learning capability，knowledge threshold，and patterns of growth ［J］. Research Policy，2010，39（2）：278-289.

［50］ROPER S，HEWITT-DUNDAS N. Knowledge stocks，knowledge flows and innovation：Evidence from matched patents and innovation panel data ［J］. Research Policy，2015，44（7）：1327-1340.

［51］张伟. 基于知识链的能源密集型产业链的低碳化知识创新研究 ［J］. 工业技术经济，2015（1）：123-131.

［52］GOLL I，JOHNSON N B，RASHEED A A. Knowledge capability，strategic change，and firm performance：The moderating role of the environment ［J］. Management Decision，2007，45（2）：161-179.

［53］侯贵生，宋文轩，杨磊. 企业社交媒体使用与创新绩效——知识存量的中介作用和创新氛围的调节作用 ［J］. 技术经济，2020，39（01）：34-42.

［54］RAMACHANDRAN I，LENGNICK-HALL C A，Badrinarayanan V. Enabling and leveraging ambidexterity：influence of strategic orientations and knowledge stock ［J］. Journal of Knowledge Management，2019，23（6）：1136-1156.

［55］LEE C Y，HUANG Y C. Knowledge stock，ambidextrous learning，and firm performance：Evidence from technologically intensive industries ［J］. Management Decision，2012，50（6）：1096-1116.

［56］RUPIETTA C，BACKES-GELLNER U. Combining knowledge stock and knowledge flow to generate superior incremental innovation performance—Evidence from Swiss manufacturing ［J］. Journal of Business Research，2019，94：209-222.

［57］WRIGHT P M，MCMAHAN G C，MCWILLIAMS A. Human resources and sustained competitive advantage：A resource-based perspective ［J］. The International Journal of Human Resource Management，1994，5

（2）：301-326.

[58] WRIGHT P M, DUNFORD B B, SNELL S A. Human resources and the resource based view of the firm [J]. Journal of Management，2001，27（6）：701-721.

[59] 张军，许庆瑞. 知识积累、创新能力与企业成长关系研究 [J]. 科学学与科学技术管理，2014，35（08）：86-95.

[60] 张欣瑞，贺欢. 整合能力、新产品开发与企业成长绩效——基于高技术企业的实证研究 [J]. 工业技术经济，2014，33（03）：146-151.

[61] 冯博，樊治平，王建宇. 组织知识存量的有效性分析 [J]. 东北大学学报（社会科学版），2005，7（04）：260-262.

[62] 王坤. 知识产权对象中存量知识，增量知识的区分及其功能 [J]. 浙江社会科学，2009（07）：54-59.

[63] ZIMMERMANN J, GRIMPE C, SOFKA W. A Service of zbw Leibniz-Informationszentrum Wirtschaft Leibniz Information Centre for Economics Standard-Nutzungsbedingungen [R/OL]. www. econstor. eu. [2021-10-09]

[64] 张小娣，赵嵩正，王娟茹. 企业知识集成能力的测量研究 [J]. 科研管理，2011，32（06）：49-58.

[65] de las Heras-ROSAS C, HERRERA J. Research trends in open innovation and the role of the university [J]. Journal of Open Innovation：Technology，Market，and Complexity，2021，7（1）：29.

[66] MüLLER J M, BULIGA O, VOIGT K I. The role of absorptive capacity and innovation strategy in the design of industry 4. 0 business Models-A comparison between SMEs and large enterprises [J]. European Management Journal，2021，39（3）：333-343.

[67] 朱桂龙，李汝航. 企业外部知识获取路径与企业技术创新绩效关系实证研究 [J]. 科技进步与对策，2008，25（05）：152-155.

[68] 鲁虹，徐冰. 高管团队知识资本形成机制研究 [J]. 商业研究，2013（03）：102-107.

[69] ANTONELLI C. Knowledge exhaustibility and Schumpeterian growth [J]. Journal of Technology Transfer，2018，43（3）：779-791.

[70] HO H D, GANESAN S. Does knowledge base compatibility help or hurt knowledge sharing between suppliers in coopetition? the role of cus-

tomer participation [J]. Journal of Marketing, 2013, 77 (6): 91-107.

[71] WANG J. Knowledge creation in collaboration networks: Effects of tie configuration [J]. Research Policy, 2016, 45 (1): 68-80.

[72] PARUCHURI S. Intraorganizational networks, interorganizational networks, and the impact of central inventors: A longitudinal study of pharmaceutical firms [J]. Organization Science, 2010, 21 (1): 63-80.

[73] NAJAFI-TAVANI Z, ROBSON M J, ZAEFARIAN G, et al. Building subsidiary local responsiveness: (When) does the directionality of intrafirm knowledge transfers matter? [J]. Journal of World Business, 2018, 53 (4): 475-492.

[74] MILLER K D, PENTLAND B T, CHOI S. Dynamics of Performing and Remembering Organizational Routines [J]. Journal of Management Studies, 2012, 49 (8): 1536-1558.

[75] NONAKA I, TAKEUCHI H. The knowledge-creating company: How Japanese companies create the dynamics of innovation [J]. Long Range Planning, 1996, 29 (4): 592.

[76] DAVENPORT T H, DAVENPORT P D M I S M T H, PRUSAK L. Working Knowledge: How Organizations Manage what They Know [M/OL]. Harvard Business School Press, 1998. https: //books. google. com. hk/books? id=-4-7vmCVG5cC.

[77] HAKANSON L. The firm as an epistemic community: the knowledge-based view revisited [J]. Industrial and Corporate Change, 2010, 19 (6): 1801-1828.

[78] KOGUT B, ZANDER U. Knowledge of the Firm, Combinative Capabilities, and the Replication of Technology [J]. Organization Science, 1992, 3 (3): 383-397.

[79] NELSON R R. An Evolutionary Theory of Economic Change [M]. Harvard University Press, 1985.

[80] HAKANSON L. Creating knowledge: the power and logic of articulation [J]. Industrial and Corporate Change, 2007, 16 (1): 51-88.

[81] FOSS N J. Knowledge-Based Approaches to the Theory of the Firm: Some Critical Comments [J]. Organization Science, 1996, 7 (5): 470-476.

[82] MARTiN-DE-CASTRO G, DELGADO-VERDE M, LóPEZ-SáEZ P, et al. Towards 'An Intellectual Capital-Based View of the Firm': Origins and Nature [J]. Journal of Business Ethics, 2011, 98 (4): 649-662.

[83] GRANT R M. Toward a knowledge-based theory of the firm [J]. Strategic Management Journal, 1996, 17 (S2): 109-122.

[84] COHEN W M, LEVINTHAL D A. Absorptive Capacity: A New Perspective on Learning and Innovation [J]. Administrative Science Quarterly, 1990, 35 (1): 128-152.

[85] COHEN W M, LEVINTHAL D A. Innovation and learning: the two faces of R & D [J]. The economic journal, 1989, 99 (397): 569-596.

[86] ZAHRA S A, GEORGE G. Absorptive capacity: A review, reconceptualization, and extension [J]. Academy of management review, 2002, 27 (2): 185-203.

[87] WW-Ⅲ B. The philosophy of Karl Popper. Part I: Biology and evolutionary epistemology [J]. Philosophia, 1976, 6: 463-494.

[88] 波珀. 科学发现的逻辑 [M]. 北京: 人民出版社, 1986.

[89] 刘海龙. 有关波普尔知识增长理论的几点思考 [J]. 科技进步与对策, 2006, 23 (6): 37-39.

[90] MAHMOUD-ELHAJ D, TANNER B, SABATINI D, et al. Measuring objective knowledge of potable recycled water [J]. Journal of Community Psychology, 2020, 48 (6): 2033-2052.

[91] DEAN A J, FIELDING K S, NEWTON F J. Community knowledge about water: who has better knowledge and is this associated with water-related behaviors and support for water-related policies? [J]. PloS one, 2016, 11 (7): e0159063.

[92] GLICK D M, GOLDFARB J L, HEIGER-BERNAYS W, et al. Public knowledge, contaminant concerns, and support for recycled Water in the United States [J]. Resources, Conservation and Recycling, 2019, 150: 104419.

[93] PRITCHETT J, BRIGHT A, SHORTSLEEVE A, et al. Public Perceptions, Preferences, and Values for Water in the West A Survey of Western and Colorado Residents Colorado Water Institute [R]. Colorado State University, Special Report No. 17, 2009.

［94］GIACALONE K，MOBLEY C，SAWYER C，et al. Survey says：Implications of a public perception survey on stormwater education programming［J］. Journal of Contemporary Water Research & Education，2010，146（1）：92-102.

［95］郝泽嘉，王莹，陈远生，等. 节水知识、意识和行为的现状评估及系统分析——以北京市中学生为例［J］. 自然资源学报，2010，25（009）：1618-1628.

［96］王金玉，李盛. 兰州市企业职工对突发性水污染事故知识的知晓情况调查研究［J］. 中国病毒病杂志，2009（3）：212-215.

［97］DISTLER L N，SCRUGGS C E. Arid Inland community survey on water knowledge，trust，and potable reuse. I：Description of findings［J］. Journal of Water Resources Planning and Management，2020，146（7）：04020045.

［98］JEE Y H，SON D W，KIM D S. The Effects of Water Education Program of High School Students：8 Months Experimental Study［J］. Journal of the Korean Society of Health Information and Health Statistics，2011，36（1）：25-37.

［99］王寒，田康，王延荣. 黄河流域省会城市居民水素养综合评价研究［J］. 干旱区资源与环境，2019（10）：53-58.

［100］向红，杨蕙，蒋励，等. 山区居民饮水相关知识、态度和行为状况调查分析［J］. 中国卫生事业管理，2014，31（11）：872-875.

［101］BRUVOLD W H. Public opinion and knowledge concerning new water sources in California［J］. Water Resources Research，1972，8（5）：1145-1150.

［102］BAGGETT S，JEFFERSON B，JEFFREY P. Just how different are stakeholder group opinions on water management issues？ ［J］. Desalination，2008，218（1-3）：132-141.

［103］郭家骥. 西双版纳傣族的水信仰、水崇拜、水知识及相关用水习俗研究［J］. 贵州民族研究，2009（03）：58-67.

［104］MCCARROLL M，HAMANN H. What we know about water：A water literacy review［J］. Water，2020，12（10）：2803.

［105］刘海芳，张志红，李耀福，等. 太原市两社区居民饮用水使用和健康知识知晓状况调查［J］. 环境卫生学杂志，2014，004（004）：336-339.

［106］HIDALGO J，LEMONSU A，MASSON V. Between progress and obstacles in urban climate interdisciplinary studies and knowledge transfer to society ［J］. Annals of the New York Academy of Sciences，2019，1436 （1）：5-18.

［107］CHO I，PARK J，HEO E. Measuring knowledge diffusion in water resources research and development：The case of Korea ［J］. Sustainability，2018，10 （8）：2944.

［108］DE BOER C，VINKE-DE KRUIJF J，ÖZERROL G，et al. Water governance，policy and knowledge transfer：International studies on contextual water management. New York：Routledge，2013.

［109］MUKHTAROV F，GERLAK A K. Epistemic forms of integrated water resources management：Towards knowledge versatility ［J］. Policy Sciences，2014，47 （2）：101-120.

［110］罗增良，左其亭，马军霞. 水知识宣传途径与方法探讨 ［J］. 水利发展研究，2014，14 （04）：82-87.

［111］高丽祥. 全面强化节水宣传，提高全民节水意识 ［J］. 法制与经济（下旬刊），2009 （06）：122-123.

［112］黄铁苗，胡青丹. 借鉴国外节水经验促进我国水资源节约 ［J］. 岭南学刊，2009 （02）：30-33.

［113］LUCAS P J，CABRAL C，COLFORD JR J M. Dissemination of drinking water contamination data to consumers：a systematic review of impact on consumer behaviors ［J］. Plos one，2011，6 （6）：e21098.

［114］PADAWANGI R. Building knowledge，negotiating expertise：Participatory water supply advocacy and service in globalizing Jakarta ［J］. East Asian Science，Technology and Society：An International Journal，2017，11 （1）：71-90.

［115］刘俊良，李会东等. 节约用水-知识读本 ［M］. 北京：化学工业出版社，2016.

［116］张翠英. 基于两级传播的水文化传播载体研究 ［J］. 华北水利水电学院学报（社科版），2012，28 （01）：21-23.

［117］ACKERMAN P L. A theory of adult intellectual development：Process，personality，interests，and knowledge ［J］. Intelligence，1996，22 （2）：227-257.

［118］BEIER M E，ACKERMAN P L. Current-events knowledge in a-dults：an investigation of age，intelligence，and nonability determinants ［J］. Psychology and aging，2001，16（4）：615.

［119］BEIER M E，ACKERMAN P L. Age，ability，and the role of prior knowledge on the acquisition of new domain knowledge：promising results in a real-world learning environment ［J］. Psychology and aging，2005，20（2）：341.

［120］VON WAGNER C，GOOD A，WHITAKER K L，et al. Psycho-social determinants of socioeconomic inequalities in cancer screening participa-tion：a conceptual framework ［J］. Epidemiologic reviews，2011，33（1）：135-147.

［121］WILLIAMS D S，MáñEZ COSTA M，CELLIERS L，et al. In-formal settlements and flooding：Identifying strengths and weaknesses in local governance for water management ［J］. Water，2018，10（7）：871.

［122］DEAN A J，FIELDING K S，LINDSAY J，et al. How social capital influences community support for alternative water sources ［J］. Sus-tainable Cities and Society，2016，27：457-466.

［123］张少杰，汤中彬，鲁艳丽. 企业知识存量影响因素及增长途径分析［J］. 图书馆理论与实践，2008（1）：34-36.

［124］和金生，罗正清. 企业技术创新能力发展的知识增长模型研究［J］. 科学学与科学技术管理，2007（06）：56-60.

［125］黄赤，刘普. 企业内部知识共享的障碍及解决方法 ［J］. 经济管理，2009，31（08）：89-95.

［126］杜静，魏江. 知识存量的增长机理分析 ［J］. 科学学与科学技术管理，2004，25（01）：24-27.

［127］SANTORO G，BRESCIANI S，PAPA A. Collaborative modes with cultural and creative industries and innovation performance：the modera-ting role of heterogeneous sources of knowledge and absorptive capacity ［J］. Technovation，2020，92：102040.

［128］李立群，王礼力. 知识资源，组织氛围与农业企业经营绩效关系研究 ［J］. 统计与信息论坛，2014，29（5）：61-65.

［129］ZHOU J，LI J，JIAO H，et al. The more funding the better? The moderating role of knowledge stock on the effects of different government-funded research projects on firm innovation in Chinese cultural and creative industries [J]. Technovation，2020，92-93.

[130] 孙静娟，陈笑. 我国知识水平测度及对经济增长的贡献分析 [J]. 数量经济技术经济研究，2009（08）：72-83＋135.

[131] 高宏，陆佳伊. 基于树状结构的在岗员工三维知识评价 [J]. 信息技术，2012（12）：154-157.

[132] 王斌. 知识网络中知识存量离散性演化机理研究 [J]. 科学学与科学技术管理，2014，35（11）：57-68.

[133] WU L，HU Y P. Open innovation based knowledge management implementation：a mediating role of knowledge management design [J]. Journal of Knowledge Management，2018，22（8）：1736-1756.

[134] KHALIFA M，YAN A Y，NING K S. Knowledge management systems success：A contingency perspective [J]. Journal of Knowledge Management，2008，12（1）：119-132.

[135] CALOGHIROU Y，GIOTOPOULOS I，KORRA E，et al. How do employee training and knowledge stocks affect product innovation? [J]. Economics of Innovation and New Technology，2018，27（4）：343-360.

[136] BOLISANI E，OLTRAMARI A. Knowledge as a measurable object in business contexts：A stock-and-flow approach [J]. Knowledge Management Research & Practice，2012，10（3）：275-286.

[137] AHN J H，CHANG S G. Valuation of knowledge：a business performance-oriented methodology [C] //Proceedings of the 35th Annual Hawaii International Conference on System Sciences. IEEE，2002：2619-2626.

[138] 周健明，刘云枫，陈明. 知识隐藏、知识存量与新产品开发绩效的关系研究 [J]. 科技管理研究，2016，36（04）：162-168.

[139] 李永周，彭璟. 企业研发团队个体隐性知识测度及其应用研究 [J]. 科技管理研究，2012，32（18）：183-187.

[140] 巩军，刘鲁. 基于知识网络的专家知识的表示与度量 [J]. 科学学研究，2010，28（10）：1521-1529.

[141] 席运江，党延忠. 基于加权知识网络的组织知识存量表示与度量 [J]. 科学学研究，2007，25（03）：493-497.

[142] 席运江，党延忠. 基于加权知识网络的个人知识存量表示与度量方法 [J]. 管理学报，2007，4（1）：28-31.

［143］HADJIMICHAEL D，TSOUKAS H. Toward a better under-standing of tacit knowledge in organizations：Taking stock and moving forward ［J］. Academy of Management Annals，2019，13（2）：672-703.

［144］魏玲，郭新朋. 知识存量的动态量化测度研究 ［J］. 科技进步与对策，2018，35（05）：120-125.

［145］李开荣，卜忠飞，渠立兵，等. 基于知识管理的教学网站更新机制研究 ［J］. 中国教育信息化，2014（003）：70-72.

［146］LI S T，TSAI F C. Constructing tree-based knowledge structures from text corpus ［J］. Applied Intelligence，2010，33（1）：67-78.

［147］LIU J G，YANG G Y，HU Z L. A knowledge generation model via the hypernetwork ［J］. PloS one，2014，9（3）：e89746.

［148］ZHAO L，ZHANG H，WU W. Knowledge service decision making in business incubators based on the supernetwork model ［J］. Physica A：Statistical Mechanics and its Applications，2017，479：249-264.

［149］陈亮，陈忠，韩丽川，等. 基于社会网络分析的企业员工知识存量测度及实证研究 ［J］. 管理工程学报，2009，23（04）：49-53.

［150］殷国鹏，莫云生，陈禹. 利用社会网络分析促进隐性知识管理 ［J］. 清华大学学报（自然科学版），2006（S1）：964-969.

［151］张乐，钟琪，李政. 组织间隐性知识流转网络的实证研究 ［J］. 中国科学技术大学学报，2011（09）：804-811.

［152］SHI Y，LI Q，TIAN Z. Knowledge stock measurement of enter-prises in industry cluster based on grey relational analysis ［C］//2012 9th International Conference on Fuzzy Systems and Knowledge Discovery. 2012.

［153］陈友玲，张岳园，凌磊，等. 基于贝叶斯网络的个体隐性知识测度方法研究 ［J］. 计算机应用研究，2019，36（06）：1673-1678.

［154］GRIGORENKO E L，STERNBERG R J，STRAUSS S. Practical intelligence and elementary-school teacher effectiveness in the United States and Israel：Measuring the predictive power of tacit knowledge ［J］. Thinking Skills and Creativity，2006，1（1）：14-33.

［155］单伟，张庆普，刘臣. 企业内部隐性知识流转网络探析 ［J］. 科学学研究，2009（02）：255-261.

［156］卢君. 广州 R&D 知识存量估算—基于 1995—2012 年的数据分析 ［J］. 中国市场，2016（08）：37-38＋40.

［157］RAGAB M A F，ARISHA A. The MinK framework：towards measuring individual knowledge ［J］. Knowledge Management Research & Practice，2015，13（2）：178-186.

［158］WU J，SHANLEY M T. Knowledge stock，exploration，and innovation：Research on the United States electromedical device industry ［J］. Journal of business research，2009，62（4）：474-483.

［159］张少杰，汤中彬，黄永生. 基于 H-S-C 的企业知识存量增长途径分析 ［J］. 情报杂志，2007（10）：27-29.

［160］覃荔荔，王道平，曾德明，等. 研发联盟知识存量增长机理与模拟仿真初探 ［J］. 现代财经（天津财经大学学报），2010，30（01）：47-52.

［161］曾德明，文小科，陈强. 基于知识协同的供应链企业知识存量增长机理研究 ［J］. 中国科技论坛，2010，2（02）：77-81.

［162］夏立明，张成宝. 知识型服务企业知识存量的增长机理——工程咨询企业的扎根研究 ［J］. 科技管理研究，2015，35（08）：114-120.

［163］夏立明，李雪娜，宇卫昕. 工程咨询企业知识存量增长机理研究——基于共生理论 ［J］. 华东经济管理，2013，27（12）：120-126.

［164］ANTONELLI C. Knowledge as an economic good：Exhaustibility versus appropriability？［J］. The Journal of Technology Transfer，2019，44（3）：647-658.

［165］MAO C，YU X，ZHOU Q，et al. Knowledge growth in university-industry innovation networks-Results from a simulation study ［J］. Technological forecasting and social change，2020，151：119746.

［166］SCHAAP L，SCHMIDT H G，VERKOEIJEN P P J L. Assessing knowledge growth in a psychology curriculum：which students improve most？［J］. Assessment & Evaluation in Higher Education，2012，37（7）：875-887.

［167］CHAUDHARY S. Knowledge stock and absorptive capacity of small firms：the moderating role of formalization ［J］. Journal of Strategy and Management，2019，12（2）：189-207.

［168］魏江. 组织技术存量激活过程和机理研究 ［J］. 管理工程学报，2002，16（03）：74-77.

［169］邓仲华，陈远，郭梁. 提升企业知识存量的有效模式——E-learning 建构研究 ［J］. 中国图书馆学报，2006，32（02）：37-41.

[170] 张少杰，汤中彬，鲁艳丽. 企业知识存量影响因素及增长途径分析 [J]. 图书馆理论与实践，2008（1）：34-36.

[171] 骆以云，李海东. 企业成长的知识存量模型及其启示 [J]. 情报理论与实践，2011（01）：18-22.

[172] 张伟，王希钧. 企业技术创新能力的系统知识存量增长的动力学模型 [J]. 现代商业，2011（27）：124-126.

[173] 禹献云，曾德明，陈艳丽，等. 技术创新网络知识增长过程建模与仿真研究 [J]. 科研管理，2013，34（10）：35-41.

[174] 白杨，邓贵仕. 企业虚拟社区的知识增长测度研究 [J]. 科技管理研究，2013（18）：143-146，151.

[175] SMIT M J，DE GROOT H L F. Stocking up：The role of temporal and spatial R&D stocks [J]. European Planning Studies，2013，21（5）：637-665.

[176] 文庭孝. 知识计量与知识评价研究 [J]. 情报学报，2007，26（05）：670-676.

[177] GLASER B，STRAUSS A. Applying grounded theory [J]. The Grounded Theory Review，2014，13（1）：46-50.

[178] 赵蕊菡，陈一. 基于扎根理论的网络健康信息多维度风险感知理论模型研究 [J]. 情报理论与实践，2020，43（01）：68-75.

[179] 张冉. 基于扎根理论的我国社会组织品牌外化理论模型研究 [J]. 管理学报，2019（4）：569-577.

[180] MORGESON F P，MITCHELL T R，LIU D. Event system theory：An event-oriented approach to the organizational sciences [J]. Academy of Management Review，2015，40（4）：515-537.

[181] 刘东，刘军. 事件系统理论原理及其在管理科研与实践中的应用分析 [J]. 管理学季刊，2017，2（2）：64-80.

[182] 李红，张妙甜. 中国 ICT 企业应对 NPE 专利风险策略研究——基于事件系统理论的案例分析 [J]. 科技进步与对策，2020，37（9）：123-130.

[183] BEELER L，ZABLAH A，JOHNSTON W J. How critical events shape the evolution of sales organizations：A case study of a business-to-business services firm [J]. Journal of Business Research，2017，74：66-76.

[184] BRUYAKA O，PHILIPPE D，CASTAñER X. Run away or stick together? The impact of organization-specific adverse events on alliance partner

defection [J]. Academy of Management Review, 2018, 43 (3): 445-469.

[185] 于帆, 宋英华, 霍非舟, 等. 城市公共场所拥挤踩踏事故机理与风险评估研究——基于 EST 层次影响模型 [J]. 科研管理, 2016, 37 (12): 162-169.

[186] KOOPMANN J, LANAJ K, BONO J, et al. Daily shifts in regulatory focus: The influence of work events and implications for employee well - being [J]. Journal of Organizational Behavior, 2016, 37 (8): 1293-1316.

[187] JOHNSON H H, JOHNSON M D. Influence of event characteristics on assessing credibility and advice-taking [J]. Journal of Managerial Psychology, 2017, 32 (1): 89-103.

[188] 张默, 任声策. 创业者如何从事件中塑造创业能力? ——基于事件系统理论的连续创业案例研究 [J]. 管理世界, 2018, 34 (11): 134-149.

[189] 李志刚. 扎根理论方法在科学研究中的运用分析 [J]. 东方论坛: 青岛大学学报, 2007 (04): 90-94.

[190] 科宾, J. M., 施特劳斯, A. L. 质性研究的基础: 形成扎根理论的程序与方法 [M]. 重庆: 重庆大学出版社, 2015.

[191] 张宾宾. 公民水素养基准的制定研究 [D]. [硕士学位论文]. 郑州: 华北水利水电大学, 2020.

[192] NIKA C E, VASILAKI V, EXPóSITO A, et al. Water cycle and circular economy: developing a circularity assessment framework for complex water systems [J]. Water Research, 2020, 187: 116423.

[193] SGROI M, VAGLIASINDI F G A, ROCCARO P. Feasibility, sustainability and circular economy concepts in water reuse [J]. Current opinion in environmental Science & Health, 2018, 2: 20-25.

[194] VOULVOULIS N. Water reuse from a circular economy perspective and potential risks from an unregulated approach [J]. Current Opinion in Environmental Science & Health, 2018, 2: 32-45.

[195] 胡德胜. 水人权: 人权法上的水权 [J]. 河北法学, 2006, 24 (05): 17-24.

[196] SHRESTHA S, AIHARA Y, BHATTARAI A P, et al. A novel water security index and well-being at micro level in urban areas of developing countries [J]. SSM Popul Health, 2018, 6: 276-285.

[197] LORD F M. Applications of item response theory to practical testing problems [M]. Routledge, 2012.

[198] RASCH, G. Studies in mathematical psychology: I. Probabilistic models for some intelligence and attainment tests. Nielsen & Lydiche, 1960.

[199] BAKER F B, KIM S-H. The basics of item response theory using R [M]. Berlin: Springer, 2017.

[200] CZEPIEL S A. Maximum Likelihood Estimation of Logistic Regression Models: Theory and Implementation [J]. Class Notes, 2012: 1-23.

[201] CHERNYSHENKO O S, STARK S, DRASGOW F, et al. Constructing personality scales under the assumptions of an ideal point response process: Toward increasing the flexibility of personality measures [J]. Psychological assessment, 2007, 19 (1): 88.

[202] COLE K L, TURNER R C, GITCHEL W D. A study of polytomous IRT methods and item wording directionality effects on perceived stress items [J]. Personality and Individual Differences, 2019, 147: 63-72.

[203] DARRELL BOCK R, LIEBERMAN M. Fitting a response model forn dichotomously scored items [J]. Psychometrika, 1970, 35 (2): 179-197.

[204] LAHUIS D M, FERGUSON M W. The accuracy of significance tests for slope variance components in multilevel random coefficient models [J]. Organizational Research Methods, 2009, 12 (3): 418-435.

[205] AYBEK E C, GULLEROGLU H D. Attitudes toward Pirated Content: A Scale Development Study Based on Graded Response Model [J]. Eurasian Journal of Educational Research, 2021, 91: 127-144.

[206] LI P, CHEN G, DAI L, et al. A fuzzy Bayesian network approach to improve the quantification of organizational influences in HRA frameworks [J]. Safety science, 2012, 50 (7): 1569-1583.

[207] ZADEH L A, KLIR G J, YUAN B. Fuzzy sets, fuzzy logic, and fuzzy systems: selected papers [M]. Singapore: World Scientific, 1996.

[208] PEARL J. Probabilistic reasoning in intelligent systems: networks of plausible inference [M]. Burlington, Massachusetts: Morgan kaufmann, 1988.

[209] ROELEN A L C, WEVER R, COOKE R M, et al. Aviation

causal model using Bayesian Belief Nets to quantify management influence [J]. Safety and Reliability, Swets & Zeitlinger, Lisse, 2003: 1321-1327.

[210] BALDOS U L C, VIENS F G, HERTEL T W, et al. R&D spending, knowledge capital, and agricultural productivity growth: A Bayesian approach [J]. American Journal of Agricultural Economics, 2019, 101 (1): 291-310.

[211] HOSSEINI S, IVANOV D. A new resilience measure for supply networks with the ripple effect considerations: A Bayesian network approach [J]. Annals of Operations Research, 2019: 1-27.

[212] MITCHELL E G, WHITTLE R J, GRIFFITHS H J. Benthic e-cosystem cascade effects in Antarctica using Bayesian network inference [J]. Communications biology, 2020, 3 (1): 1-7.

[213] OJHA R, GHADGE A, TIWARI M K, et al. Bayesian network modelling for supply chain risk propagation [J]. International Journal of Production Research, 2018, 56 (17): 5795-5819.

[214] TIEN I, DER KIUREGHIAN A. Algorithms for Bayesian network modeling and reliability assessment of infrastructure systems [J]. Reliability Engineering & System Safety, 2016, 156: 134-147.

[215] 李俊霞, 温小霓. 科技创新关键阶段投资与风险管理研究 [J]. 中国软科学, 2020 (09): 175-183.

[216] 董学军, 杜建洲. 基于证据合成与贝叶斯网络推理的航天器发射风险评估模型 [J]. 系统工程理论与实践, 2019, 39 (8): 2170-2178.

[217] ROELEN A L C, WEVER R, COOKE R M, et al. Aviation causal model using Bayesian Belief Nets to quantify management influence [J]. Safety and Reliability, Swets & Zeitlinger, Lisse, 2003: 1321-1327.

[218] KAFAI M, BHANU B. Dynamic Bayesian networks for vehicle classification in video [J]. IEEE Transactions on Industrial Informatics, 2011, 8 (1): 100-109.

[219] BANDYOPADHYAY S, WOLFSON J, VOCK D M, et al. Data mining for censored time-to-event data: a Bayesian network model for predicting cardiovascular risk from electronic health record data [J]. Data Mining and Knowledge Discovery, 2015, 29 (4): 1033-1069.

[220] 沈忧. 贝叶斯网络模型的变分贝叶斯学习与推理研究 [D]. [博士

学位论文]. 哈尔滨：哈尔滨工程大学，2015.

[221] RAMZALI N，LAVASANI M R M，GHODOUSI J. Safety barriers analysis of offshore drilling system by employing fuzzy event tree analysis [J]. Safety science，2015，78：49-59.

[222] ZAREI E，KHAKZAD N，COZZANI V，et al. Safety analysis of process systems using Fuzzy Bayesian Network （FBN） [J]. Journal of loss prevention in the process industries，2019，57：7-16.

[223] DONG Y，Yu D. Estimation of failure probability of oil and gas transmission pipelines by fuzzy fault tree analysis [J]. Journal of loss prevention in the process industries，2005，18（2）：83-88.

[224] KABIR S，PAPADOPOULOS Y. A review of applications of fuzzy sets to safety and reliability engineering [J]. International Journal of Approximate Reasoning，2018，100：29-55.

[225] CHEN S J，HWANG C L. Fuzzy multiple attribute decision making methods [J]. Fuzzy multiple attribute decision making，1992：289-486.

[226] HUANG D，CHEN T，WANG M J J. A fuzzy set approach for event tree analysis [J]. Fuzzy sets and systems，2001，118（1）：153-165.

[227] NICOLIS J S，TSUDA I. Chaotic dynamics of information processing：The "magic number seven plus-minus two" revisited [J]. Bulletin of Mathematical Biology，1985，47（3）：343-365.

[228] REN J，JENKINSON I，WANG J，et al. An offshore risk analysis method using fuzzy Bayesian network [J]. Journal of Offshore Mechanics and Arctic Engineering，2009，131（4）：041101（12 pages）.

[229] SENOL Y E，AYDOGDU Y V，SAHIN B，et al. Fault tree analysis of chemical cargo contamination by using fuzzy approach [J]. Expert Systems with Applications，2015，42（12）：5232-5244.

[230] TIAN K，WANG H，WANG Y. Investigation and evaluation of water literacy of urban residents in China based on data correction method [J]. Water Policy，2021，23（1）：77-95.

[231] HSU H M，CHEN C T. Aggregation of fuzzy opinions under group decision making [J]. Fuzzy sets and systems，1996，79（3）：279-285.

[232] NGUYEN H T，PRASAD N R. Fuzzy modeling and control：selected works of sugeno [M]. Boca Raton，Florida：CRC press，1999.

[233] LAVASANI S M M，YANG Z，FINLAY J，et al. Fuzzy risk assessment of oil and gas offshore wells [J]. Process Safety and Environmental Protection，2011，89（5）：277-294.

[234] GRZEGORZEWSKI P. Fuzzy number approximation via shadowed sets [J]. Information Sciences，2013，225：35-46.

[235] ONISAWA T，NISHIWAKI Y. Fuzzy human reliability analysis on the Chernobyl accident [J]. Fuzzy Sets and Systems，1988，28（2）：115-127.

[236] GRZEGORZEWSKI P，MRóWKA E. Probability of intuitionistic fuzzy events [M] //Soft methods in probability，statistics and data analysis. Physica，Heidelberg，2002：105-115.

[237] JENSEN F V，NIELSEN T D. Bayesian networks and decision graphs [M]. New York：Springer，2007.

[238] 王延荣，李国隆，王红育，等. 公民水素养基准的探索性研究 [M]. 北京：经济管理出版社，2021.

[239] GUO X，JI J，KHAN F，et al. Fuzzy Bayesian network based on an improved similarity aggregation method for risk assessment of storage tank accident [J]. Process Safety and Environmental Protection，2021，149：817-830.

[240] JIMéNEZ-JIMéNEZ D，SANZ-VALLE R. Innovation，organizational learning，and performance [J]. Journal of business research，2011，64（4）：408-417.

[241] FORéS B，CAMISóN C. Does incremental and radical innovation performance depend on different types of knowledge accumulation capabilities and organizational size？ [J]. Journal of business research，2016，69（2）：831-848.

[242] GUYON I，WESTON J，BARNHILL S，et al. Gene selection for cancer classification using support vector machines [J]. Machine learning，2002，46（1）：389-422.

[243] GARCíA S，RAMíREZ-GALLEGO S，LUENGO J，et al. Big data preprocessing：methods and prospects [J]. Big Data Analytics，2016，1（1）：1-22.

[244] 刘洋，李喜根. 新媒体传播研究及知识增量 [J]. 国际新闻界，

2012，34（8）：72-78.

［245］苏为华，孙利荣，崔峰. 一种基于函数型数据的综合评价方法研究［J］. 统计研究，2013（2）：88-94.

［246］DAS A K，DAS S，GHOSH A. Ensemble feature selection using bi-objective genetic algorithm［J］. Knowledge-Based Systems，2017，123：116-127.

［247］DONG H，LI T，DING R，et al. A novel hybrid genetic algorithm with granular information for feature selection and optimization［J］. Applied Soft Computing，2018，65：33-46.

［248］CURA T. Use of support vector machines with a parallel local search algorithm for data classification and feature selection［J］. Expert Systems with Applications，2020，145：113，133.

［249］LIU G，YANG C，LIU S，et al. Feature selection method based on mutual information and support vector machine［J］. International Journal of Pattern Recognition and Artificial Intelligence，2021，35（06）：2150021.

［250］MANOCHANDAR S，PUNNIYAMOORTHY M. Scaling feature selection method for enhancing the classification performance of Support Vector Machines in text mining［J］. Computers & industrial engineering，2018，124：139-156.

［251］AMOOZEGAR M，MINAEI-BIDGOLI B. Optimizing multi-objective PSO based feature selection method using a feature elitism mechanism［J］. Expert Systems with Applications，2018，113：499-514.

［252］ZHANG Y，GONG D，SUN X，et al. A PSO-based multi-objective multi-label feature selection method in classification［J］. Scientific reports，2017，7（1）：1-12.

［253］HOSSEINI F S，CHOUBIN B，MOSAVI A，et al. Flash-flood hazard assessment using ensembles and Bayesian-based machine learning models：application of the simulated annealing feature selection method［J］. Science of the total environment，2020，711：135161.

［254］MAFARJA M M，MIRJALILI S. Hybrid whale optimization algorithm with simulated annealing for feature selection［J］. Neurocomputing，2017，260：302-312.

［255］LIU C，WANG W，ZHAO Q，et al. A new feature selection

method based on a validity index of feature subset [J]. Pattern Recognition Letters, 2017, 92: 1-8.

[256] KOU G, YANG P, PENG Y, et al. Evaluation of feature selection methods for text classification with small datasets using multiple criteria decision-making methods [J]. Applied Soft Computing, 2020, 86: 105836.

[257] 陈洪海. 基于反映象相关矩阵的评价指标筛选方法研究 [J/OL]. 中国管理科学: 1-10 [2022-02-10].

[258] 石宝峰, 迟国泰. 基于信息含量最大的绿色产业评价指标筛选模型及应用 [J]. 系统工程理论与实践, 2014, 34 (07): 1799-1810.

[259] 迟国泰, 陈洪海. 基于信息敏感性的指标筛选与赋权方法研究 [J]. 科研管理, 2016, 37 (1): 153-160.

[260] AHMAD W N K W, REZAEI J, SADAGHIANI S, et al. Evaluation of the external forces affecting the sustainability of oil and gas supply chain using Best Worst Method [J]. Journal of cleaner production, 2017, 153: 242-252.

[261] REZAEI J, VAN ROEKEL W S, TAVASSZY L. Measuring the relative importance of the logistics performance index indicators using Best Worst Method [J]. Transport Policy, 2018, 68: 158-169.

[262] FOUSKAKIS D, PETRAKOS G, ROTOUS I. A Bayesian longitudinal model for quantifying students' preferences regarding teaching quality indicators [J]. Metron, 2020, 78 (2): 255-270.

[263] 张昆, 迟国泰. 基于相关分析-粗糙集理论的生态评价指标体系构建 [J]. 系统工程学报, 2012, 27 (1): 119-128.

[264] MA S, LI R, TSAI C L. Variable screening via quantile partial correlation [J]. Journal of the American Statistical Association, 2017, 112 (518): 650-663.

[265] 吴武林, 周小亮. 中国包容性绿色增长绩效评价体系的构建及应用 [J]. 中国管理科学, 2019, 27 (9): 183-194.

[266] 孟斌, 沈思祎, 匡海波, 等. 基于模糊-Topsis 的企业社会责任评价模型——以交通运输行业为例 [J]. 管理评论, 2019, 31 (5): 191-202.

[267] KAZEMI M. Partial correlation screening for varying coefficient models [J]. Journal of Mathematical Modeling, 2020, 8 (4): 363-376.

[268] 周立斌, 李刚, 迟国泰. 基于 R 聚类-变异系数分析的人的全面发

展评价指标体系构建 [J]. 系统工程，2010（12）：56-63.

[269] 赵宇哲，刘芳. 生态港口评价指标体系的构建—基于 R 聚类、变异系数与专家经验的分析 [J]. 科研管理，2015，36（02）：124-132.

[270] CHEN H，CHI G. Urban green development evaluation indicator system model based on clustering-rough set and application [J]. ICIC Express Letters，Part B：Applications，2015，6（10）：2649-2654.

[271] JONES S，JOHNSTONE D，WILSON R. An empirical evaluation of the performance of binary classifiers in the prediction of credit ratings changes [J]. Journal of Banking & Finance，2015，56：72-85.

[272] 唐谷文，王能民，张萌. 企业绿色增长指标体系设计与评价 [J]. 科研管理，2019，40（07）：47-58.

[273] CHEN Y，ZHANG H，LIU R，et al. Experimental explorations on short text topic mining between LDA and NMF based Schemes [J]. Knowledge-Based Systems，2019，163：1-13.

[274] 陈洪海. 基于病态指数循环分析的评价指标筛选研究 [J]. 中国管理科学，2019，27（1）：184-193.

[275] 高惠璇. 应用多元统计分析 [M]. 北京：北京大学出版社，2005.

[276] 汪冬华. 多元统计分析与 SPSS 应用 [M]. 上海：华东理工大学出版社，2010.

[277] PAWLAK Z. Rough sets [J]. International journal of computer & information sciences，1982，11（5）：341-356.

[278] LIU D，LI T，RUAN D，et al. An incremental approach for inducing knowledge from dynamic information systems [J]. Fundamenta Informaticae，2009，94（2）：245-260.

[279] LIU D，LI T，RUAN D，et al. Incremental learning optimization on knowledge discovery in dynamic business intelligent systems [J]. Journal of Global Optimization，2011，51（2）：325-344.

[280] HU C，ZHANG L，WANG B，et al. Incremental updating knowledge in neighborhood multigranulation rough sets under dynamic granular structures [J]. Knowledge-based systems，2019，163：811-829.

[281] HUANG Y，LI T，LUO C，et al. Matrix-based dynamic updating rough fuzzy approximations for data mining [J]. Knowledge-Based Systems，2017，119：273-283.

[282] ZHANG J，LI T，CHEN H. Composite rough sets for dynamic data mining [J]. Information Sciences，2014，257：81-100.

[283] HUANG Q，LI T，HUANG Y，et al. Dynamic dominance rough set approach for processing composite ordered data [J]. Knowledge-Based Systems，2020，187：104829.

[284] HUANG Y，LI T，LUO C，et al. Dynamic variable precision rough set approach for probabilistic set-valued information systems [J]. Knowledge-Based Systems，2017，122：131-147.

[285] KAILATH T. The divergence and Bhattacharyya distance measures in signal selection [J]. IEEE transactions on communication technology，1967，15（1）：52-60.

[286] 刘培德，张新，金芳. 区间概率条件下属性值为不确定语言变量的风险型多属性决策研究 [J]. 管理评论，2012，24（4）：168-176.

[287] MUROVEC N，PRODAN I. Absorptive capacity，its determinants，and influence on innovation output：cross-cultural validation of the structural model [J]. Technovation，2009，29（12）：859-872.